SHODENSHA
SHINSHO

生命は、宇宙のどこで生まれたのか

福江　翼

祥伝社新書

はじめに

この15年くらいの間に、宇宙と生命に関する興味深い現象が次々に明らかになってきました。

たとえば、太陽とは別の星の周りに惑星がたくさん発見されはじめました。太陽系の外の「第二の地球」の発見を目指して、激しい国際競争が繰り広げられています。また、隕石《いんせき》の中には、「生命の材料になるかもしれないアミノ酸」などが見つかり、それらがどういう性質を持っているのかが、わかりはじめています。

宇宙空間には、地球以外にも生命が住める環境があるかもしれない、生命が生まれる環境があるかもしれない、こういった疑問の追究が現実的な目標になっています。「宇宙空間における生命の理解」が、新しい段階に進みつつある状況なのです。

この新鮮な興奮は、新しい学問を巻き起こしました。それが、「アストロバイオロジー」、日本語に直訳すれば、「宇宙生物学」です。

アメリカのＮＡＳＡは、これを「宇宙における生命の、起源・進化・分布・未来の研究」

と定義しています。ここで使われている「宇宙」は、宇宙空間だけを指しているのではなく、太陽系の8個の惑星や、別の星の周りの惑星などを含む、宇宙にあるすべてのものを意味しています。

つまり、宇宙生物学とは、「私たち人類を含む生命がいつ、どこで生まれ、どこへ向かうのか」という、誰もが一度は疑問に感じることに答えようとする学問なのです。

歴史的な発見の瞬間に誰が最初に立ち会えるのか、激しい国際競争の中、次々に興味深い研究成果が発表されています。本書では、それらの成果の中から、特におもしろそうなものをご紹介していきたいと思います。最新の研究の成果が教科書に載るまでにはかなり時間がかかるため、まだあまり知られていない話題もあるかもしれません。

ところで、宇宙生物学が誕生したように、研究の世界では、それぞれの学問を探究する段階から、総合的な観点から研究を進める段階にさしかかっているといえます。たくさんの分野の学問が関わってくることになります。そのため、カタカナ語・専門用語が飛び交《か》い、あたかも呪文のように聞こえることさえあります。親近感とはほど遠い印象を持たれても不思議ではありません。

しかも、日本の高校や大学では、科学の基礎過程である「物理」、物質の性質や反応を調べる「化学」、生命を教える「生物」、宇宙や地球、惑星を学ぶ「地学」など、最新の宇宙科学を理解するために必要な学問が、文系の学生のみならず、理系の学生にとってすら選択科目になっていて、必ずしも親しみがあるとは限らない状況です。

このような状況を乗り越えるため、本書では、科学系の書籍でしばしば見られるようなカタカナ語や専門用語をなるべく使わずに、また、なるべく身近にあるものを意識しながら執筆しました。この本が、「研究の最前線ではこんなおもしろいことがわかってきている」、「自然においてはこんな巧妙な仕組みが働いている」、とたくさんの方々に感じていただける一助になれば幸いです。

２０１１年1月

福江《ふくえ》　翼《つばさ》

第3章　生命とはなにか

――生命を作る物質とその仕組み

第4章　なぜ地球の生命はすべて「左手型アミノ酸」でできているのか
――生命の起源を探る

図版制作　ダックス
日本アートグラファー

序　章　生命は、宇宙のどこで生まれたのか

——宇宙生物学の誕生

私たちの住む太陽系の外に生命は存在するのか？

太陽の周りには、大小さまざまな、たくさんの物体が周回しています（図1）。それらは、地球を含む惑星をはじめ、彗星《すいせい》や、惑星と惑星の間に浮遊している小さな岩のようなものなどです。これらの無数の物体が太陽の周囲をまわっているのは、巨大な太陽の持つ圧倒的な重力に束縛《そくばく》されているからです。

惑星などのこれらの物体と、その中心的な立場にある太陽とをまとめて、「太陽系」と呼んでいます。地球上で昼や夜があり、夜空に月が明るく光って見えるのは、太陽から放たれる強烈な光が、太陽系の内部を照らしだしているからです。太陽は、太陽系内部における現象について大きな役割を担《にな》っています。

太陽系には、水星や金星、地球や火星といった「岩石でできた惑星」、木星や土星といった「巨大なガスの惑星」、そして、天王星や海王星といった「氷でできた惑星」、総じて8つの惑星が太陽の周りをまわっています。

なお、冥王星《めいおう》についてですが、以前は惑星とされていましたが、2006年になって惑星とはみなされなくなりました。といいますのも、近年、太陽系の構造などの理解が大きく進んだ結果、惑星とはなにか、という人類の考え方がはっきりと変わったからです。

図1　太陽系の中のさまざまな物体

太陽の周りを、8つの惑星や彗星、そして小さな岩石など無数の物体が周回している。　Credit: NASA/JPL

冥王星は、他の8個の惑星とは性質がかなり異なっています。たとえば、他の8個の惑星はおおむね同じ平面上に並んでいます。しかしながら、冥王星は、その平面から明らかに傾いた、歪《ゆが》んだコースにいるのです。しかも、冥王星と似たようなものも他に見つかりはじめたため、冥王星は惑星というよりは、むしろ別のグループであると考えられるようになりました。

このように、長い間、人類はこの広大な宇宙空間において、たった8個の惑星しか知りませんでした。

一方で、実は太陽に似た星は宇宙にはたくさんあります。夜空を見上げると、無数の光る点が見えます。これらの多くは、太陽のように、自《みず》らが燃えて強烈な光を放っている「星」です。

これらの星は、太陽系の外、地球からずっと遠く離れたところにあります。星の表面の温度は何千度にも及んでいます。そのような灼熱《しゃくねつ》の環境では、物質はばらばらに分解されてしまいます。そのため、夜空にたくさん見えている星の表面に生命が住んでいるとはとうてい考えられませんでした。

それゆえ、「生命は、私たち人類が住んでいる地球上にしかいないのかもしれない」と考えていた方々もいたでしょう。「人類のような知的生命体、俗にいう宇宙人なんて、ＳＦの作り話にすぎない」とさえ感じられていたかもしれません。

ところが最近になって、これらの星の周囲に、つまり、太陽ではない別の星の周りに、惑星が見つかりはじめています。これらの惑星は、太陽系の外にある惑星という意味で、「太陽系外惑星」と呼ばれます。

長年にわたる探査にもかかわらず、人類はこのような太陽系外惑星を最近になるまで見つけることができませんでした。といいますのも、太陽系に最も近い星ですら、太陽と地球の間の距離（約1億5０００万キロメートル）の26万倍以上も離れています。光の速さですら、約4年かかる距離（4光年といいます）です。地球から遠く離れているため、星の周りの惑星を見つけだすのは容易ではありません。

太陽系外惑星を発見したという信頼できる研究が行なわれるようになったのは1995年、じつにつつい最近のことなのです。現在では、間接的な発見例まで含めると、発見された太陽系外惑星は総じて500個を超えました。

太陽系外惑星が多数見つかりはじめたことで、人類の考え方に大きな変化が起こりはじめます。特に、次のような重大な疑問が、現実的な問題として巻き起こっています。

――太陽系の外の惑星にも生命は住んでいるのでしょうか？

惑星や生命の生まれた場所にさかのぼる

実は、太陽系の外に惑星が見つかりはじめたことにはもうひとつ大きな意義があります。

それは、地球よりもずっと若い惑星が望遠鏡で実際に観測できる可能性です。地球の年齢はおよそ46億歳であり、ずいぶん年を取っています。そのため、生命が生まれた当初の状況のすべてが現在まで残されているわけではありません。初期の地球が残した痕跡《こんせき》には、長い年月の間に風化してしまったものもあります。

しかし、この広い宇宙には、できたての惑星を含めて、さまざまな年齢の惑星が存在しています。もしかすると、昔の地球と似たような惑星が別の星の周りに発見されるかもしれません。

さまざまな年齢の太陽系外惑星を望遠鏡でたくさん観測していくことで、惑星がどのように生まれてどのように年を取っていくのかを調べることができるでしょう。加えて、そもそも惑星がどのような宇宙環境で生まれたのかについても、観測を進めることができるようになるのです。

惑星上での生命の誕生や進化を探るためには、生まれたばかりの惑星がどのような状態にあったのか、そして、惑星の周囲はどのような環境であったのかを理解することが、次のことを研究するためにも重要です。

——生命は、どんな場所で、どんな材料から生まれてきたのでしょうか？

私たちが住む太陽系においても重要な手がかりが隠されています。太陽系では、惑星やたくさんの物体が太陽の周りを周回しています。これらの中には、地球に降ってくる隕石や隕石のもとになっているものも含まれます。こうした物体は、以前は地上から望遠鏡で観測したり、地球上に落ちてきた隕石を分析したりして調べることしかできませんでした。

しかし、20世紀後半になると、宇宙空間に浮遊するこれらの物体へ探査機を派遣して、直接現地にて、詳しいデータを得られるようになってきたのです。

近年の「はやぶさ」探査機をはじめ、日本の探査機の活躍をご存じの方も多いでしょう。また、実際に火星に降り立った探査機は、火星上で撮影した写真を我々にもたらしています。

これらの探査機には直接人間は搭乗しておらず、いわゆるロボットによる探査でした。その一方で、人間が乗った宇宙船を飛ばして、現地で人間が直接探査を行なうことも将来的に期待されます。太陽系内の探査はまさに人類の冒険の最前線といえます。

このような探査機による現地での直接探査は、太陽系において、地球以外の場所で、生命を見つけだす期待を高めています。地球以外の場所に、地球上には存在しないような生命を探しに行くことができる時代なのです。

さらに、太陽の周りのさまざまな物体の中には、太陽系の初期の情報が残されている「遺跡」ともいえるものが含まれています。このような「遺跡」には、惑星が生まれた当初の環境や生命の起源に関する情報も隠されているかもしれません。太陽系内の物体を探査機によって現地で調査することは、このような「遺跡」の調査の点でも重要になっています。

これらのように、宇宙空間において、どのような環境で、どのような物質が生まれ、それがどのように育ち、進化し、そしてどのように惑星や生命につながっていくのかを、総合的に研究することができる段階にまで人類は来ているのです。

実験技術の急速な進歩によって、物質の性質や地球上の生命の仕組みの理解も急速に進んでいます。

人類は、我々を含む地球上の生命、太陽系における地球以外の生命、そして、太陽系外惑星における生命などの形態や仕組み、起源などについて、真剣に取り組まなければならない新たな段階にさしかかっています。宇宙生物学は、このような、宇宙や生命に関する理解が急速に進む中で設立されたのです。

宇宙の生命を理解するには、まず地球の生命から

私たちが住んでいるこの地球上において、最初の生命がどのように誕生したのかを考える際には、生命特有の性質を調べることが大きな手がかりになるはずです。そして、宇宙における生命の誕生を理解するためには、まずは地球の生命の理解が欠かせません。

人間の体は、およそ6割が水分です。残りの約4割がタンパク質と呼ばれる物質です。た

とえば、自分の手足を見てみてください。皮膚や爪や毛、そして、筋肉の隆起《りゅうき》を感じられるでしょう。それらは主にタンパク質からできています。

たとえば美容に関する話題で、植物性タンパク質や動物性タンパク質といった言葉を聞く機会も増えているかもしれません。「コラーゲンでお肌ぷるぷる」なんて宣伝文句も見ますが、これもタンパク質の一種です。スポーツトレーニングなどでは、プロテインを摂《と》っている方もいるでしょうが、そもそもプロテインという言葉は、英語でタンパク質を意味する単語なのです。

栄養に関わる話題でしばしばタンパク質という言葉が出てくるのは、前述のとおり、それが人体の大部分を構成している物質だからです。

人間は、数キログラムの小さな赤ちゃんから、何十キロもある成人へ成長します。また、成人になった後も、毛は毎日伸びていますし、皮膚も毎日新しいものに変わっています。

まったくなにもないところから突然物質がわき出てくることはありません。人間は自らの体を成長させ、また維持更新するためにタンパク質を必要としています。そして、これらは基本的に地球上の他の生命にもいえることです。

このようにタンパク質は生命を構成する重要な物質ですが、皮膚も爪も、その見た目や感触は異なります。これは、タンパク質にはたくさんの種類があるからです。人体を作っているタンパク質は、およそ10万種あります。これらのたくさんのタンパク質が人体においてさまざまな働きをしているのです。

たった20種類のアミノ酸が10万種類のタンパク質を作る

では、このたくさんの種類のタンパク質はどのようにできているのでしょうか。

このタンパク質という物質は、アミノ酸という物質の組合わせでできています。つまり、生命を構成している物質の多くが、水分を除けばアミノ酸ということになるのです。人間を含む生命は、無数のアミノ酸からできているわけです。

アミノ酸は、スポーツ飲料やトレーニングの栄養補助食品などに含まれているため、普段の生活でも耳にする機会が増えましたが、人体、そして生命にとって、非常に重要な物質なのです。

さきほど、人体のタンパク質だけで約10万種と述べました。それでは、タンパク質を構成するアミノ酸はいったい何種類あるのでしょうか？

実は、たったの20種類しかありません。天然には350種類以上のアミノ酸が見つかって

図2　生命を作る20種類のアミノ酸

生命を作る20種類のアミノ酸

グリシン　アラニン　プロリン　セリン　システイン
チロシン　アスパラギン　グルタミン　アスパラギン酸
グルタミン酸　アルギニン　ヒスチジン

必須アミノ酸

バリン　ロイシン　イソロイシン　フェニルアラニン
トリプトファン　メチオニン　トレオニン　リシン

いますが、なぜか生命は20種類のアミノ酸しか用いていないのです。その理由はいまだ解明されていません。おそらく、地球上の生命の誕生とその後の進化に関わる、非常に興味深い問題です。

この20種類のアミノ酸が、約１００個から数千個ほどつながったものがタンパク質です。アミノ酸のつながり方が変われば、別のタンパク質になります。たった20種類のアミノ酸であっても、これだけたくさんつなげるとなれば、その並べ方は膨大になります。試しに、20×20×20……とやっていくとわかりますが、人体のタンパク質の10万種程度は、20種類のアミノ酸の並べ方で簡単に達成されてしまいます。

生命のアミノ酸はたった20種類しかないので、図2に並べてみました。スポーツ飲料やら栄養補助食品がお手元にある方は、一度見比べてみるのも興味深いかもしれません。

なお、これら20種類のアミノ酸の一部は、人間が体内で（他の物質から）みずから作りだすことができます。しかしながら、図2中の必須アミノ酸と呼ばれるものについては、人間が体内で作りだすことができないため、食物から得なければなりません。

では、生命を構成しているアミノ酸とは、どんな物質でしょうか。生命のアミノ酸は、さらに細かく見ると、水素、炭素、窒素《ちっそ》、酸素という4種類の元素が複数組み合わさった物質です（一部に硫黄《いおう》も含みます）。

元素とは、物質の性質を決める最小の構造のことです（原子のほうがわかりやすければ元素を原子と読み替えていただいてかまいません）。動物であろうが植物であろうが、人工的に作られた「もの」であろうが、地球や太陽であろうが、宇宙空間に存在するものは、とことん細かく分けていけば、ある同じ要素に分離できます。それが「元素」と呼ばれます。

この元素の組合わせで物質の性質が決まっています。最も小さく軽い元素が水素で、その大きさは、およそ100億分の1メートルです。人類は、これまで110個以上もの元素を見つけてきましたが、生命のアミノ酸に用いられている元素は、その中でも特に軽い部類の、たった4種類ほどの元素だけです。この点も地球の生命の不思議な点です。

鏡に映ったアミノ酸——右手型と左手型

生命のアミノ酸は4種類ほどの元素が組み合わさったものですが、それらは立体的に組み合わさっています。このような立体的な構造には、おもしろい現象が伴《ともな》うことがあります。

人間も、もちろん立体的な構造をしています。左の手のひらを鏡に向けてみてください。あなたの左手が鏡に映っているはずです。当たり前のことで恐縮ですが、その鏡には、あなたの左手の「完全な複製」が映っているわけではないことに注目してみてください。

鏡に映ったあなたの左手は、左右が本来とは逆になっているはずです。鏡に映ったあなたの左手の指の配置は、本来のあなたの左手の指の配置ではなく、むしろ、あなたの右手の指の配置と同じはずです。立体的な構造には、鏡に映した関係にある構造がありうるのです(図3)。

アミノ酸は前述のとおり、複数の元素が立体的に組み合わさったものです。鏡に映った人間の手のように、その立体的な組合わせには、互いに鏡に映した像(鏡像《きょうぞう》)の関係にあるペアが存在しています。

このような相互関係にあるそれぞれを、互いに「鏡像異性体《いせいたい》」と呼んでいます（古い本では光学異性体と呼ばれているかもしれません）。図3に、アミノ酸の一種であるアラニンの鏡像異性体のイラストを載せておきます。

鏡像異性体のそれぞれは、含まれている元素の種類やその個数は同じです。そして、その元素のつながり方も同じなのです。そのため、鏡像異性体同士では、物質の性質はよく似ています。

しかしながら、図3でも確認できるように、元素のつながり方は同じですが、その空間的な配置が鏡に映したかのように異なっています。

なお、アミノ酸の鏡像異性体は、左手と右手から連想されるように、左手型アミノ酸、右手型アミノ酸に分類されています。

地球上の生命は、ほぼすべて左手型アミノ酸

左手型アミノ酸も右手型アミノ酸も、その性質はほとんど同じです。ところが、地球上の生命は、なぜかほとんど左手型アミノ酸ばかりを使用しているのです。

さきほど、人体は無数のアミノ酸からできていると書きました。人間は小さな赤ちゃんか

図3　左手型アミノ酸と右手型アミノ酸

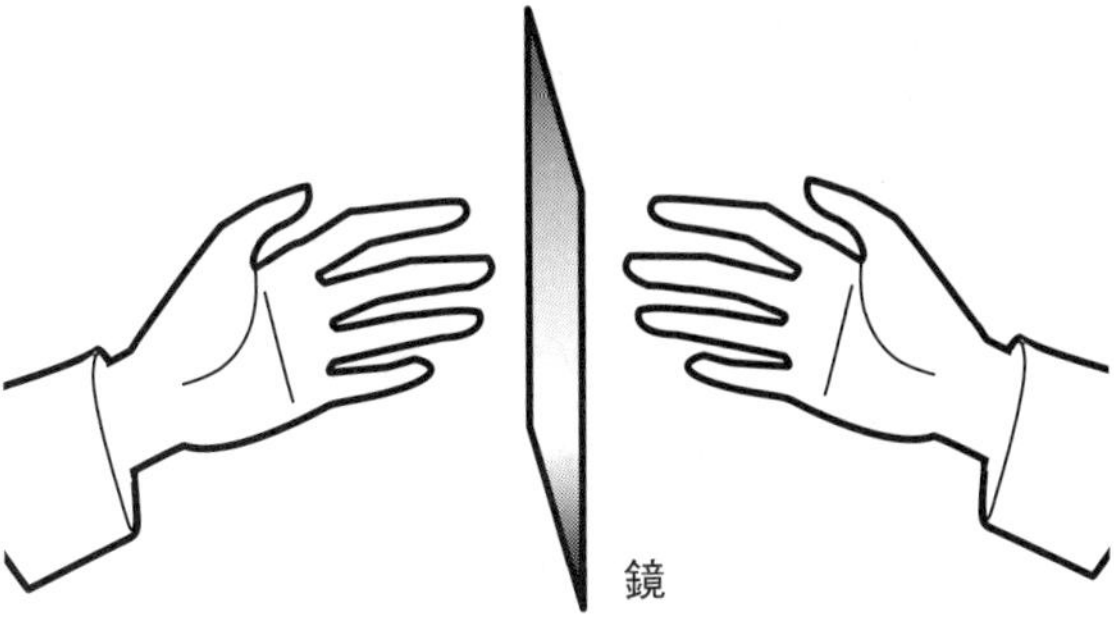

人間の手のように、アミノ酸には互いに鏡に映った像のようなペア（鏡像異性体）が存在する。

＜アミノ酸のひとつ・アラニンの左手型と右手型＞

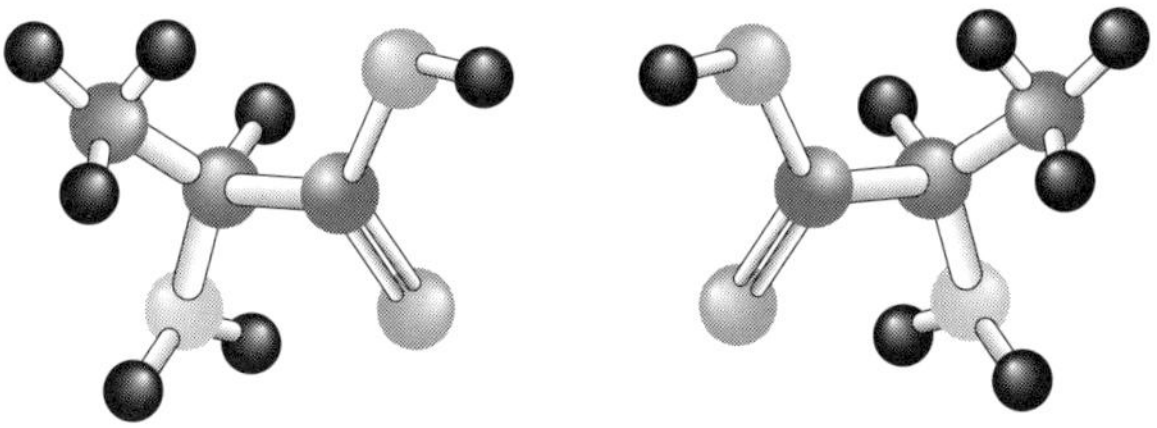

左手型　　右手型

（提供　国立天文台）

左図が左手型アラニン、右図が右手型アラニンを表わす。図の球は元素（色の違いは元素の種類の違い）を、棒は元素と元素の結びつきを、それぞれ表わしている。

ら大きな成人に成長します。また、たとえば皮膚や毛などもどんどん新しいものに変わっていっています。これらが基本的に左手型アミノ酸なのです。人間だけでなく、動物や植物をはじめ、地球上のさまざまな生命も同様のことがいえます。

これは、右手型アミノ酸を選ばず、たまたま左手型アミノ酸ばかりを、たまたま選びつづけてきた結果なのでしょうか？　おそらくそれは難しいと考えられています。そこにはなにか、特別な理由があるはずです。

それでは、この生命特有の現象は、いったいどの段階でどのように実現したのでしょうか？　また、生命特有の現象ゆえに、生命の起源とも関連する可能性があります。

この謎がわかれば、生命がどのようにして生まれたのかについてもわかるかもしれない……そういった面からも注目されてきた不思議な現象なのです。

次の章からは、こうした生命の起源に関する問題を考えていくために、太陽系の成り立ちなど、宇宙空間における現象の観点も含めて、もう少し詳しい話をしていきたいと思います。

第1章

地球上の生命の起源とは

私たち生命は、どのようにして生まれてきたのでしょうか。生命の起源の問題は、現代科学においても、依然《いぜん》として大きな謎です。

また、宇宙における地球外の生命を考える上では、生命がまったくいない環境から、生命がどのようにして誕生できるのかを理解する必要があります。そのためにも、生命の起源の考察は欠かせません。そして、生命の起源を考える際には、地球上の最古の生命はいつごろ誕生したのかを考える必要があります。

この章では、現在地球上に生きている生命や、現在に残された昔の生命の痕跡などから、最古の生命の手がかりをご紹介したいと思います。

受け継がれてきた生命の設計図——ゲノム

現在の地球上の生命は、最初の生命から、さまざまに進化してきたと考えられています。その生命の起源を探るためには、生命の進化の道筋を、昔に向かって逆向きにたどることが必要になります。そのひとつの方法が、最近は報道などでも耳にするようになってきましたが、「ゲノム」と呼ばれる生命体内の情報を用いることです。

ゲノムとは、ある生物が、その生物であるために必要な遺伝情報のことです。それぞれの生命を作りだしている「設計図」のようなものです。

このゲノムと呼ばれる、生命の設計図となる情報に従って、肉体が作りだされ、そして生命活動が維持されています。ゲノムは、生命それぞれの設計図に相当するのですから、生命ごとにそのゲノムは異なっています。地球上のそれぞれの生命体の内部には、それぞれ固有のゲノムが埋め込まれているのです。

なお、ゲノムはDNAという物質が持っているすべての情報のことを指しますが、この点は第3章で後述します。

ゲノムと呼ばれる生命の設計図は、ある種の束縛ともいえるでしょう。このおかげで、人間は人間として存在できています。当たり前のことですが、人間の赤ちゃんが、成長したら突然ワニになったなどということはありません。また、人間の髪の毛は毎日伸びていますが、その髪の毛が、ある日突然ワニの尻尾《しっぽ》になったとかいうこともありません。

それぞれの生命を、それぞれの生命として存在させている生命の設計図が、生命内部に存在しているおかげです。そのような設計図がゲノムです。

ゲノムはそれぞれの生命固有のものです。生命が進化したならば、生命を構成する情報であるゲノムが変化したということです。

ところで、ゲノムが変化すると、ゲノムにはその変化の痕跡が残されます。といいますのも、生命の進化は、もともと存在していた生命からゆっくりと変化していくわけですから、まったく新しいタイプのゲノムが突如《とつじょ》として生まれるわけではないからです。

現在の地球上にはたくさんの生物が存在していますが、地球上での進化の過程で、たくさんの生物に分かれてきたのであれば、ゲノムにその痕跡が残っているはずです。それぞれの生命が持つゲノムをたどれば、生命固有の設計図の情報をたどることになり、生命の進化や生命の起源をたどることができるのです。

生命の系統樹《けいとうじゅ》の根本は何か

たくさんの生命のゲノムを比べれば、すべての生命に共通する部分もあれば、異なる部分もあります。共通部と異なる部分を詳しく解析して、生命を分類してまとめあげたのが生命の系統樹です（図４）。

ゲノムによれば、地球上の生命は大きくは三つのグループに分かれます。ひとつ目は大腸菌などを含むバクテリアなどの細菌のグループです。二つ目はそれ以外の細菌のグループ（古細菌と呼ばれる）で、見た目はバクテリアなどの細菌なのですが、一部の生命機能がバクテリアに似ていながら、一部の生命機能が動物や植物と似ています。

三つ目のグループ（真核《しんかく》生物と呼ばれる）の中には、動物や菌類（キノコ、カビ、酵母など）、アメーバ、そして植物やミドリムシなどの光合成を行なう生物などが含まれています。なお、ゲノムによって、菌類は意外なことに、植物よりもむしろ動物に近いこともわかりました。

それぞれの生命のゲノムの中には、私たち人間にも、植物にも、昆虫にも、微生物や細菌にも、すべての生命に共通する部分があります。それは、地球の生命の共通の祖先の名残《なごり》なのでしょう。ゲノム情報による生命の系統樹の根本には、おそらく共通の祖先である最初の生命がいるのではないかと考えられています。

さらに、系統樹の根本に近づくと高温の環境を好む細菌が増えることが知られており、最初の生命は高温度の環境で生まれたのではないかということも考えられています。

以上のように、ゲノム情報による生命の分類はきわめて有力な手法です。

生物の見た目や、その生物が住んでいる場所などから生物を分類することは、以前から行なわれていました。しかしながら、このような方法だけでは生物の分類を大きく誤ってしまうおそれがあります。生物の種類は必ずしも単純な見かけだけで判断できないことはご存じの方も多いでしょう。

ゲノム情報が分析できなかった昔は、生命の進化をさかのぼることは容易ではありませんでした。しかし、近年のゲノム情報の解析から生命の詳しい分類ができるようになり、生命の起源の研究は大きく進展したのです。

現在生きている生物のゲノム情報は、着々と解析されていますが、すでに絶滅してしまった生物のゲノムの解析は、今のところ難しく、今後の課題となっています。化石などからゲノム情報を得ることも、少なくとも現在の技術では困難です。ただし、将来の技術によっては、すでに絶滅してしまった生物のゲノムもわかってくるかもしれません。

図4　生命の起源と系統樹

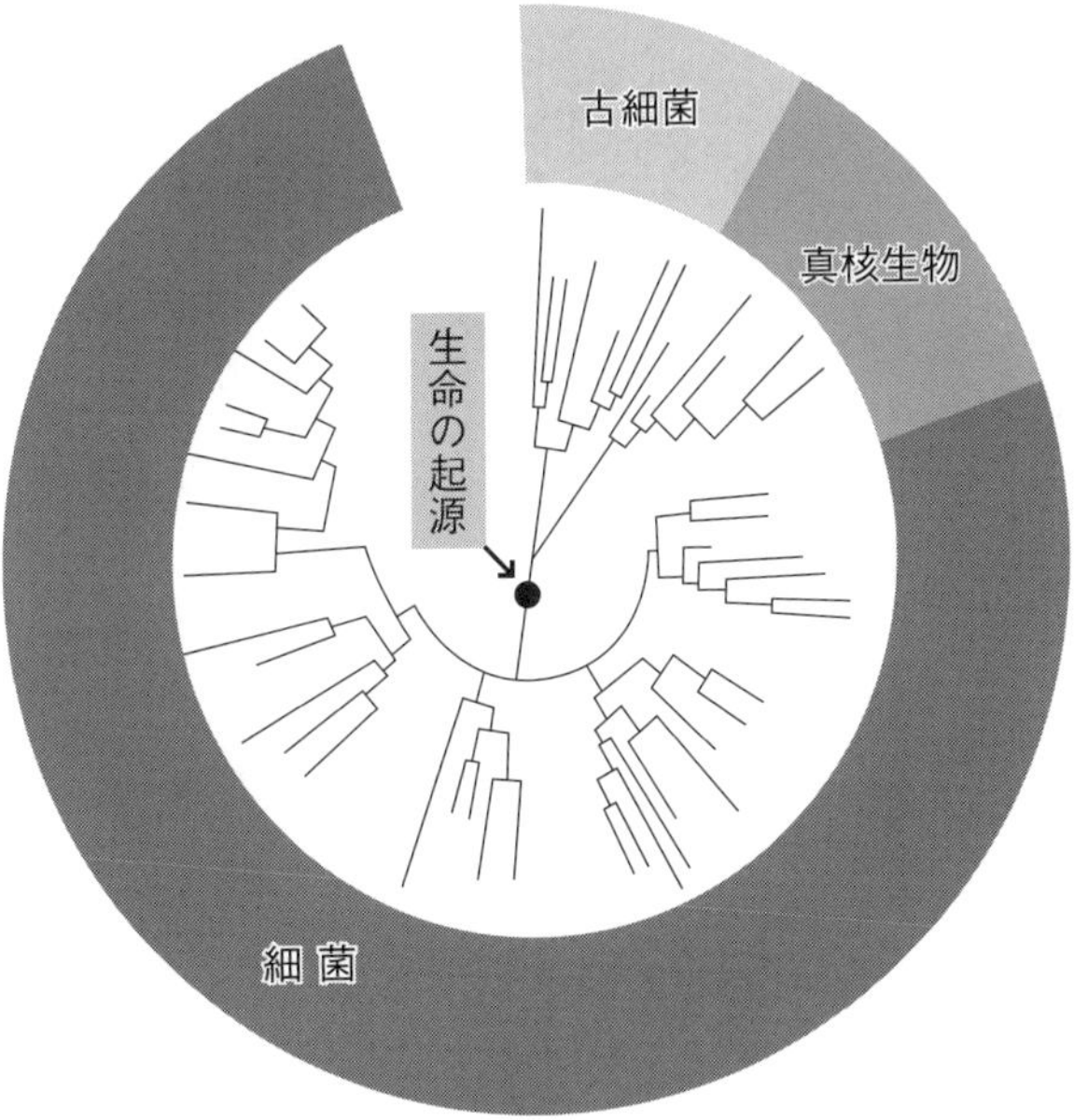

それぞれの分類に含まれる生物の例

古細菌　好熱性古細菌、超好熱性古細菌、メタン生成古細菌

細 菌　大腸菌、サルモネラ菌、ペスト菌、コレラ菌、乳酸菌、ビフィズス菌

真核生物　細菌性粘菌（アメーバ）、菌類（キノコ、カビ、酵母など）、植物、昆虫、動物（人類を含む）

最古の生命を探す

最初の生命はいつごろ、どれくらい昔に地球上に誕生したのでしょうか。

もっとも古い化石としては、およそ30億年前のものが見つかっています。また、多少議論があるところですが、35億年前のものと思われる化石も、オーストラリアや南アフリカなど複数の場所から見つかっています。

恐竜などの化石はせいぜい数億年前ぐらいまでのものですから、それらと比べても、これらの最古の化石はずっと古いものなのです。そして、これらの大昔の化石は、恐竜などの大きな化石とは異なり、たいへん小さな化石です。顕微鏡で見ると細胞のように見えるこれらの化石は、おそらく微生物のものだろうと考えられています。

さらに、これらの最古の化石は、地球表面の変化、いわゆる「大陸移動説」と興味深い関係があります。地球の表面では、大陸や島が合体したり分裂したりなどを繰り返しながら、長い年月をかけて現在の姿になっています。

こういった点を考慮すると、オーストラリアや南アフリカで、現代において見つかっている最古の微生物の化石は、もともと35億年前には、同じところに生息していたものなのかもしれません。大陸の移動と共に別《わか》れ別れになって、現在のオーストラリアと南アフリカに化石として残されているのかもしれません。

最初期の生命は単純で小さな生命だったでしょう。もっとも最初の生命の探索は、化石を探すことだけではなく、「生命が残した痕跡」を探すことからも調査が続いています。刑事やら探偵やらの現場調査みたいなもので、なんらかの生命がそこにいたとしたら、どういった痕跡を残すだろうかということが詳細に調べられているのです。

生命を構成しているアミノ酸などにも含まれている「炭素」という物質には、少し軽いものと、少し重たいものがあることがわかっています。生命は、少し軽いほうの炭素を好む傾向があります。そのため、生物の体や化石に含まれる炭素は、生物以外の自然物と比べれば、少し軽いほうの炭素の割合が多くなっているのです。

こういった生命による性質を、「生命の存在の痕跡」として応用することができます。

実際に、こういった少し軽い炭素が多くなっているところを探したところ、およそ38億年前の岩などにこのような少し軽い炭素が多くなっているものが見つかりました。したがって、約38億年前よりも以前には、すでに生命が地球上に存在していたのではないかと考えられています。

我々人類は７００万年ぐらい前に誕生したわけですが、それよりもずっと前に、地球上には生命がいたと考えられるのです。そして、地球が誕生したのが、約46億年前ですから、比較的初期の地球において、すでに生命が存在していたことになります。

地球が誕生してまもなく生命が誕生していたと考えられる点は、生命の起源を考える上で非常に重要な点です。なぜなら、初期の地球環境は現在とはまったく異なっており、かつ、地球誕生時の影響が残っている可能性が高いからです。地球の誕生に関わる話題については次章でご紹介いたします。

さて、次の章に移る前に、この章の残りで、ゲノムに関連した話題、および、過去の地球上の生命の話題として、恐竜と氷河期に関連した話題をご紹介しておきましょう。

進化の過程で混ざりあったゲノム

ある生命と別の生命のゲノムが進化の過程で混ざった可能性がわかっています。たとえば、ある種のウイルスは、ある生物に侵入した際、その生物のゲノムの断片を取り込んで、その後に別の生物に侵入し、その別の生物にゲノムの情報を持ち込んでしまうことがあるのです。

このような異種の生命の間でのゲノム情報の移動は、特に細菌などでは頻繁《ひんぱん》に起きています。別の生命から取り込んだゲノム情報を、自らのゲノム情報に取り込んで、自らのゲノム情報を書き換えてしまうのです。必ずしもウイルスによるものばかりではありません。

さらに、別の生命のゲノムとはまったく関係なしに、ある生命のゲノムが書き換えられることがあります。ゲノムの情報の一部分が切り取られて（もしくは複製されて）、その生命自身のゲノム情報の別の位置へ貼り付けられたりすることがあるのです。

外から奪った生命の情報から、自らの生命の設計図を書き換えたり、自らの生命の設計図を切り貼りするなどして、設計図を書き換えたりする能力は、生命の進化において重要な役割を担っています。人間のゲノムにも、半分ぐらいにこういった変化の痕跡が残されています。

細菌では以上のようなゲノムの変化が比較的起こりやすいため、その進化は速く、新たな能力を素早く手に入れる可能性があります。たとえば、抗生物質への耐性を持つようなゲノム情報を持つ細菌が突然に誕生してしまうのです。

わずか50年ほど前に使われていた世界初の抗生物質であるペニシリンは、現在では多くの細菌に対して有効ではありません。どこかのタイミングで、ある細菌においてゲノム情報が切り貼りされて書き換えられ、抗生物質への耐性を獲得したのでしょう。

しかも、そのような耐性を持つためのゲノムの情報が、別の細菌に次々と移動して取り込まれていったのだと考えられます。人間にとっては非常にやっかいな問題ですが、抗生物質の登場という環境の変化に対応する生命の進化と、その力強さが感じられます。

こういった急激なゲノムの混合は、異種の大きな生物の間では、細菌などとは異なり、現在ではほとんど起きていないと考えられています。しかしながら、男性と女性のゲノムが混ざりあって子供ができているように、同じ種類の生物の間では、日頃からゲノムは混ざりあっています。

ある生命と別の生命のゲノムの情報が混ざりあうという事実は、生命の進化における「枝分かれ」が、途中でいっさい交わるようなことはなしに、延々と伸びていくということではないということを示しています（図5）。

細菌が他の生命のゲノム情報を取り込むように、別の進化をたどってきた別の生命同士のゲノム情報が、ある日突然混ざることもあるのですから、進化の枝分かれは、あみだくじのように、進化の過程で、あちこちでつながってしまっているのです。

図5　生命は“混ざりあう”

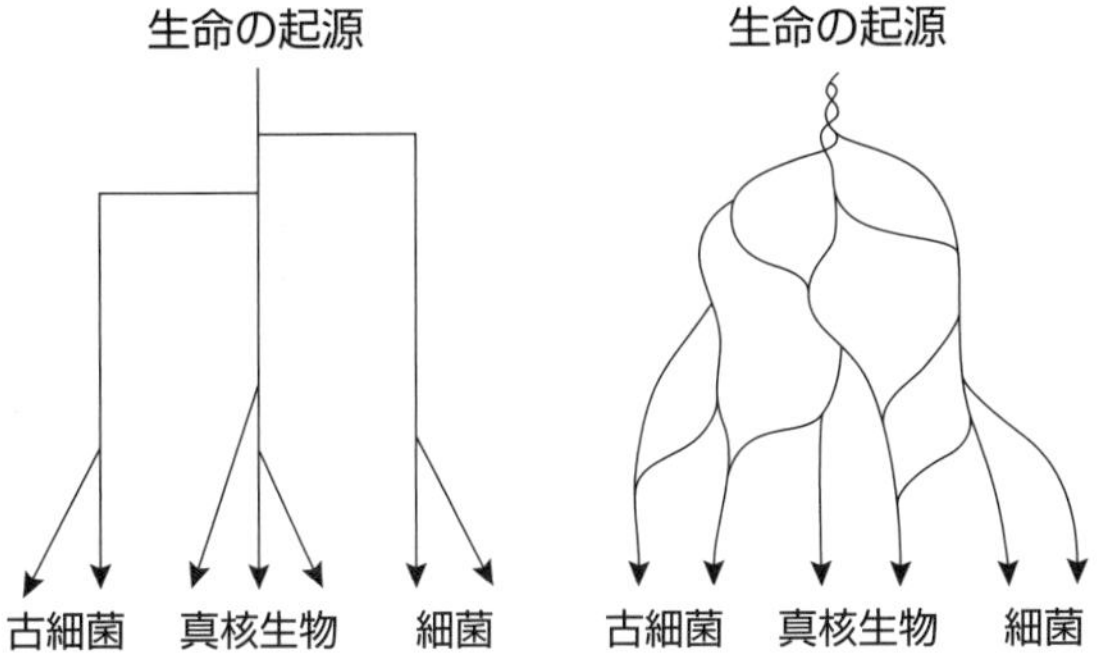

生命の進化は左図のようにきれいに枝分かれしてきたのではなく、右図のようにゲノムが混ざりあいながら進んできた。

人工生命は作れるか

さきほど、別の進化をたどってきた生命同士のゲノムが突然混ざることを紹介しました。これはある種のキメラと呼べるでしょう。基本的には、自然界で起きていることではありますが、人間の手で意図的にゲノムを混ぜあわせたり、ゲノムを直接書き換えることができる可能性はあります。

自然界で起きている進化は、なにかを意図したものではなく行き当たりばったりの進化であり、また、ゆっくりとした進化です。とりあえず目的もなく手当たり次第にゲノムを変化させて、たまたま、周りの自然環境に適応できた進化をした生命が生き残ったにすぎないと考えられます。

しかし、人間の手による「進化」は、非常に急激な速度の進化であり、かつ、なんらかの生体能力を獲得するように意図したものになるかもしれません。すでに、いくつかの生命のゲノムは解読されつつあり、ゲノム情報のどの部分が、どういった生体能力を持ち合わせるかも少しずつわかりはじめています。

さて、生命というのは、その生命が周囲の環境に適応できるのであれば、その環境においては非常に強力な存在です。なぜならば、勝手に増えて、そして勝手に進化するからです。日本国内でも外国の生物が繁殖《はんしょく》して、日本にもともと住んでいた固有の生物が脅《おびや》かされることがありますが、いったん増えてしまえば、その制御は簡単なものではありません。

目に見えるようなサイズの生物ですらこの状態です。目に見えないような小さな生物であれば、それは脅威です。ＳＦやゲームなどでも、未知の生命や細菌がもたらす脅威を題材としたものがありますが、その恐怖感が背景となっているのでしょう。

生命のさまざまなタイプを調べる方法は、実際にそのような生命を作ること以外にも考えられます。コンピューターによる仮想世界において、生命や、生命に関する現象についてシミュレーションすることです。生命の複雑な仕組みはコンピューターにとってもやっかいなのですが、コンピューターの性能は日々上がっていますから、シミュレーションの重要性は今後高まっていくでしょう。

コンピューターによる仮想世界では、時間を「早送り」することができますから、実験室では調べられないような長い間の変化を調べることが期待できます。実験室では行なえないような、特殊な環境をシミュレーションすることもできるでしょう。

地球とはまったく異なった環境である宇宙の生命、もしくは、現在の地球とは異なった環境で生きていた昔の生命を知るために、重要な手段になるでしょう。

恐竜が見た夜空、私たちが見る夜空

地球の過去の生命を考える場合、まず思い起こされるのは恐竜かもしれません。恐竜は大きな生命のため、生命の最初の誕生からはずっと後に登場することになります。地球と宇宙環境との関わりから興味深い話があるので、ここでご紹介します。

太陽や私たちの住む地球は、無数の星の集まりである銀河の一部です（図6）。他の星と同様に、太陽や地球は、銀河の中を常に移動しています。太陽や地球ができてから今まで、およそ46億年もの長い時間、地球や太陽は、じつにさまざまな環境の宇宙空間をくぐり抜けてきたわけです。

たとえば、銀河の中には濃い雲があったり、薄い雲があったりします。また、星が多いところもあれば、少ないところもあります。太陽や地球はさまざまな夜空を経験してきたと考えられるのです。

昔、恐竜がまだ地球上で繁栄していた時代には、地球や太陽は、現在とはかなり異なる場所にいました。そのため、私たちが見る夜空と、恐竜たちが見た夜空は、異なっていたでしょう。宇宙環境の違いが恐竜に影響を及ぼした可能性もあるかもしれません。

一説には、恐竜たちがいたその昔には、地球や太陽は、星雲と呼ばれる塵《ちり》とガスから成る雲の中を移動していたのではないかといわれています。たくさんの塵やガスの雲の中に地球が突入していたとすれば、太陽の光は遮《さえぎ》られたかもしれませんし、その塵やガスが地球へ降りかかってきていたことも考えられます。

氷河期と地球の銀河旅行との関わり

地球上の過去に起きた、生命にとって大きな環境の変化のひとつとして、地球全体が氷に覆《おお》われた時代、「氷河期」が挙げられます。この氷河期についても、地球と宇宙環境の関わりから興味深い話があります。

図6　銀河の構造と太陽系の位置

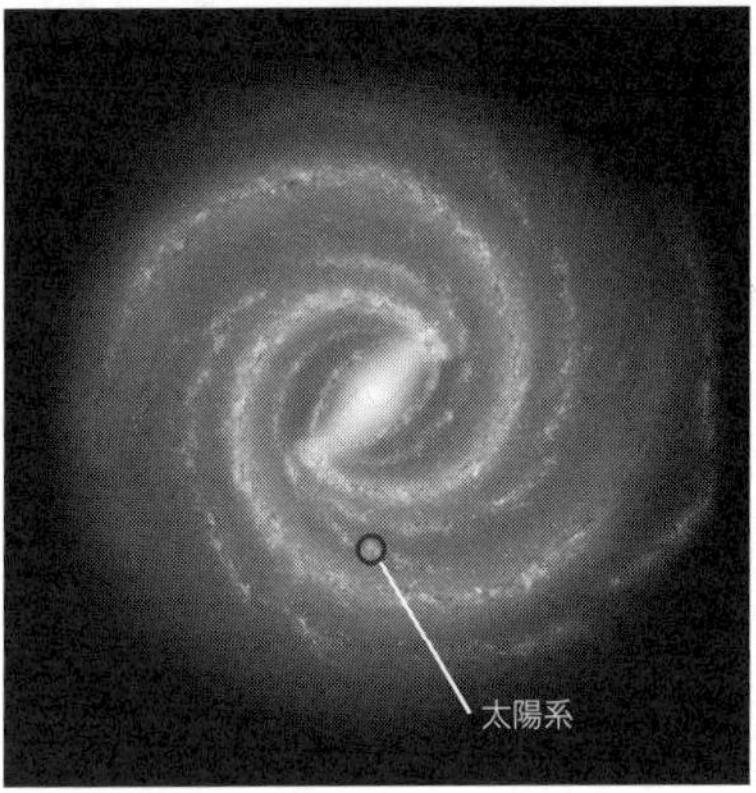

Credit: NASA/JPL-Caltech

私たちの住む銀河を上から見た図。中心から渦状の「腕」が伸びている。図中の丸印のあたりに太陽系がある。

典型的な宇宙空間というのは、概してすかすかの冷たい世界です。そのような宇宙空間を、1センチ四方の立方体で切り出してみても、せいぜい数個程度の水素（水素原子）しかありません。また、温度はだいたいマイナス170度ぐらいです。

ちなみに、人間が吸っている空気は、1立方センチあたり、1兆の1千万倍個ぐらいの密度があります。地球上の気温はだいたい数十度程度です。

宇宙空間は、地球上と比べてずっと寒く、そしてほとんどなにもないすかすかの世界であるがゆえに、光が顕著に遮られることはなく、太陽からの光が地球まで届き、また、遠くの星の光が地球まで届いて望遠鏡で観測できるわけです。現在の地球は、太陽の光のもとで、比較的穏やかな環境にいるといえます。

一方で、銀河の写真をご覧になったことがあるかもしれませんが、上から見下ろした銀河は、台風の渦《うず》のような構造に見えるものがあります（図6）。我々の住んでいる銀河もこのタイプです。中心から渦状の「腕」が伸びているように見える部分は「銀河の腕」と呼ばれます。

この腕にあたる領域では、塵やガスが濃くなっている雲のような領域があったり、太陽よりもずっと若く、ずっと重い星が生まれていたり、超新星爆発（重い星そのものの大爆発）が起こりやすかったりと、銀河の他の場所とはかなり環境が異なります。太陽よりもずっと重く高温度の星や、超新星爆発の影響で、多量の宇宙放射線にあふれている危険な地帯です。

地球やそれを含む太陽系は、銀河の中を移動しています。現在の位置や速度などから計算された結果、地球や太陽は、過去に銀河の腕の領域へ何度も突入していたと推測されています。

そこでは多量の宇宙放射線が飛び交っており、地球に直撃したと推測されます。そして、多量の宇宙放射線が地球大気に照射された結果、大気中に電離した（イオン化した）霧が発生して、雲が増えたのではないかと考えられています。

地球上の天候のことを思い起こしてみますと、曇《くも》り空になれば、太陽からの光が地球上に届きにくくなってしまいます。地球の温度は太陽からの光のエネルギーによって適度な温度に保たれていますが、太陽からの光が遮られれば、エネルギーが足らなくなってしまい、地球全体の気温が下がることが考えられるのです。そうなれば、地球全体が氷に覆われることもあるでしょう。

銀河の腕の中に地球や太陽は何度も突入していたことが推測されていますが、突入するたびにたくさんの宇宙放射線を浴びて、地球大気に雲が増えて地球表面の温度が下がり、氷河期が訪《おとず》れていたのではないかと考えられています。

この理論が本当であれば、将来的には、再び銀河の腕の中に突入して、多量の宇宙放射線を浴び、氷河期が訪れることもありうるでしょう。銀河の腕の中では超新星爆発が比較的たくさん起こっていますから、ものすごく運が悪ければ、超新星爆発そのものに巻き込まれることも否定できません。

地球上の生命の歴史は非常に長いです。一方で、太陽や地球は宇宙空間を移動しているため、長い時間と共に太陽や地球の置かれている宇宙環境は変わってしまいます。また、太陽や地球の状態も一定ではありません。

生命はこのような変化する環境を経て、現在に至《いた》っていることから、生命の歴史を振り返ることは、宇宙空間における地球の歴史についても振り返ることになります。宇宙生物学は、これらの状況がどのように生命に関わってくるのか、総合的に考えていく学問です。

それでは次に、約46億年前、太陽系と地球が、そもそもどのようにして誕生したのかについて考えてみましょう。

第2章

星と惑星の生まれた場所

——初期の地球の過酷な世界

地球上で生命が最初に誕生した根源を突き止めるには、おそらくその前の段階の、初期の太陽系と地球環境について考えなければならないでしょう。地球上の生命を形作っている物質がどこから来たのかについて明らかにするためには、まずは太陽系や地球を形作っている物質がどこから来たのかを考えなければなりません。

星や惑星が生まれる場所

私たちの住む地球や、地球を照らす太陽はどのように生まれたのでしょうか。夜空に浮かぶ無数の星々と同様に、太陽や地球も基本的には宇宙空間に漂《ただよ》っていた塵やガスが集まってできたと考えられています（図7）。誕生の様子を順を追って見ていきましょう。

宇宙には、ところどころに物質がたくさん集まっているところがあります。いわゆる「星雲」としてしばしば紹介されているもののことです。星雲は塵やガスが集まってできた、宇宙空間に漂う雲です。すかすかの宇宙空間に比べて、たくさんの物質が集まっています。こういった雲が、星や惑星が生まれてくる場所なのです（そして、生命も生まれてくるかもしれません）。

星や惑星の誕生には、「重力」が非常に重要な役割を果たしています。

重力とは物質と物質が互いに引き合う力のことです。重力が働くと、物質と物質が互いに引き寄せられますが、おおざっぱには、重たいもののほうに、軽いものが引き寄せられると考えることができます。

この重力のおかげで我々人類は、巨大な地球に引き寄せられ、宇宙空間に放り出されることなく、地面に立っていられます。また、地球上に空気が存在するのも、この重力によって地球の周りに空気が保持されているためです。

さて、地球の空に浮かぶ雲のことを考えてみてください。雲はもやーっと広がっていますが、見たところムラがあることにお気づきになるでしょう。星雲においても、やはりムラが存在します。ある部分は他より濃く、ある部分は他より薄くなっています。

星雲において、他の部分より濃くなった部分は、他の部分よりものが多いので重たくなります。そのため、その濃くなった部分は周囲のガスや塵を、重力によって次第に引き寄せはじめます。最初に濃かった部分は、引き寄せた物質を取り込むことで、さらに重たくなります。

そうすると、重力が強くなってさらに周りの物質を引き寄せることになり、さらに物質を引き寄せ集めて、重たくなっていきます。周りのものをかき集めながら、重さでつぶれて縮んでいきます。縮むことで、その中のガスや塵の密度が上がっていくのです。やがて、原始的な星が生まれます。

たとえていえば、綿菓子《わたがし》を握りつぶせば硬いかたまりになりますし、ふんわりと積もった雪も、かき集めて押しつぶしてやれば、やはり硬いかたまりになります。このたとえでは、集めたり押しつぶしたりするのは、外から加える手の力ですが、星雲がつぶれる場合は、星

図7　星と惑星が生まれるまで

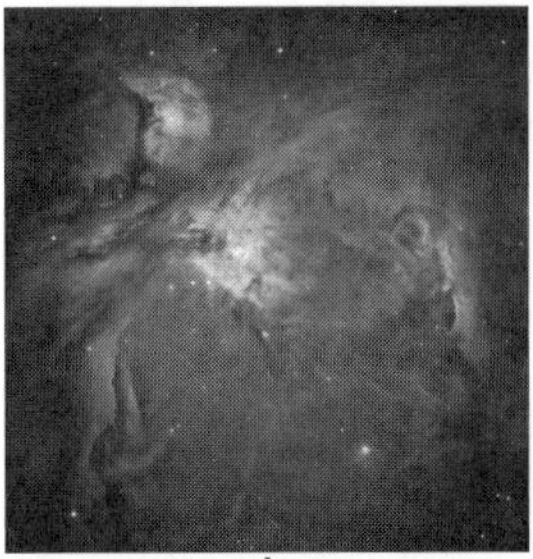

◀星雲（オリオン大星雲）

Credit: NASA, ESA, M. Robberto (Space Telescope Science Institute/ESA) and the Hubble Space Telescope Orion Treasury Project Team

↓

◀原始の星（中心部）と円盤状の雲

Credit: ESO/L. Calçada/M. Kornmesser

↓

◀円盤の残骸と生まれたての惑星

Credit: ESA, NASA, and L. Calcada (ESO for STScI)

宇宙空間に漂う塵やガスが集まってできた星雲（上段）から、重力などの影響で物質が中心に集まり、原始の星が生まれる（中段）。その際にできた円盤状の雲の中で、物質同士が衝突・合体を繰り返し、惑星へと成長していく（下段）。

雲自らの重力が大きな役割を担っています。

なお、星雲中には、しばしば巨大な磁力が取り巻いています。磁石の周囲では砂鉄が整列するように、磁力はある種の物質の動きを制限することがあります。星雲中の磁力も、星の形成に影響を与えることがわかっています。

遠心力の嵐の中で輝きはじめる星

さて、星雲の濃くなった部分によって、周りの物質が引き寄せられるわけですが、その引き寄せ方が、星の誕生にとって、もうひとつの重要なポイントです。

宇宙空間では、地球の地面のような固定できる箇所がありません。そのため、星雲は最初から全体的に（わずかに）回転しているのが普通です。水面や水中、氷の上などのことを思い起こしてみてください。

たとえば、洗面台やお風呂の排水溝付近では、泡がぐるぐるとまわりながら流れていきます。不安定な場所では物体がぴったり止まったり、完全にまっすぐ進んだりするよりは、むしろ、ゆっくりまわっていたり、ゆっくりと曲がっていったりします。ところどころはぐちゃぐちゃしているように見えても、全体としては、（回転の速さは遅いかもしれませんが）ま

図8　星の誕生　——円盤形成のメカニズム

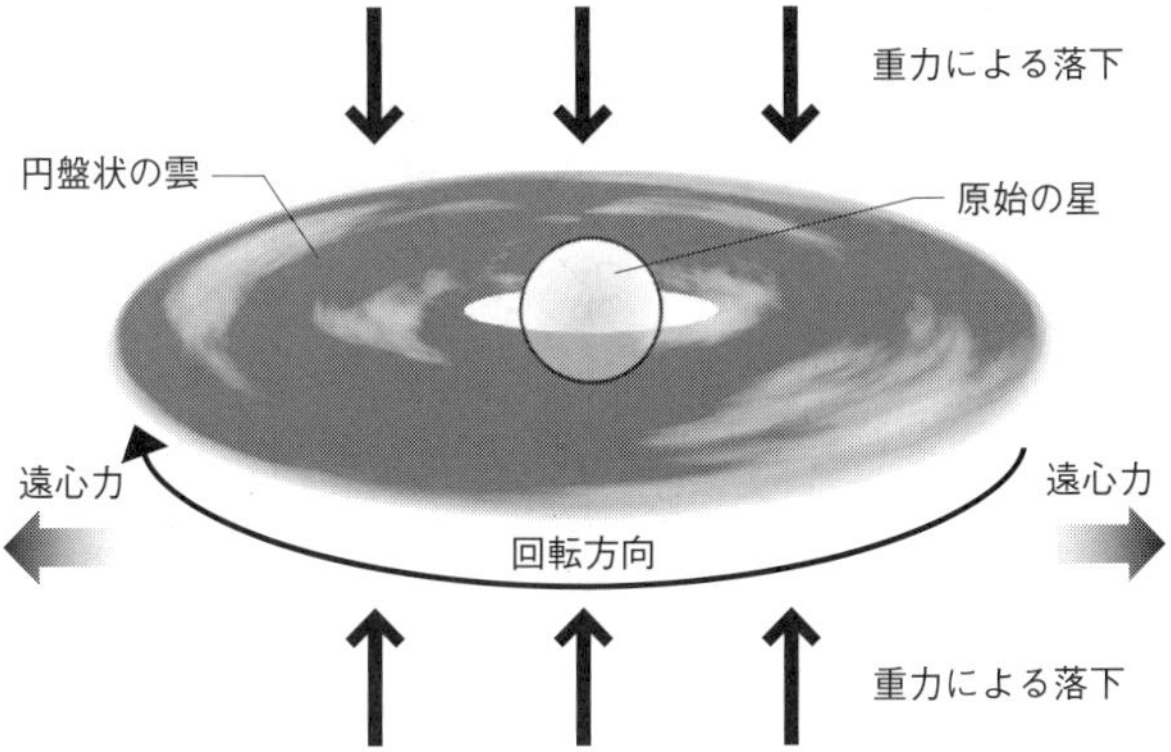

星雲は遠心力などによって円盤状の雲となり、そこから原始の星に向かって少しずつ物質が降り積もっていくことで、星は成長する。

わっていることが多いのです。

さて、回転運動をしていると、その回転の中心から外向きに力がかかります。いわゆる遠心力です。車の運転中に、曲がる方向とは逆向きに感じる力です。

曲がる方向とは逆向きに力がかかるため、星雲の回転の中心に向かってガスや塵が移動することは難しくなります（図8）。急なカーブで身体がカーブの外側に押されるのと同様に、回転の中心方向へは移動しづらいのです。星が生まれるためには、星が生まれつつある中心領域へたくさんの物質を落とし込まなければなりません。遠心力によって物質の落とし込みが邪魔されてしまうのは、星の誕生にとって大きな問題なのです。

一方で、回転の軸と平行な方向（遠心力と垂直な方向）には遠心力がかからないので、回転軸と平行な方向へはガスや塵が比較的動きやすいということになります。そのため、回転の軸と平行な方向では、中心の濃い部分に向かってものが「落ちて」いき、回転の軸と垂直の方向（遠心力の方向）には、あまりものが落ちていかないということになります。

結果、星雲は、回転の軸と平行な方向につぶれる傾向があり、中心の濃い部分の周りに、円盤状に物質が集まることになります。若い原始の星の周囲に、円盤のような形状をした雲が形成されるのです。

この円盤から少しずつ中心の若い星に向かって物質がさらに降り積もっていきます。このようにして「肥え太った」原始の星は収縮を続け、内部は高密度、そして高温度の状態になります。

いうなれば、都市部のラッシュ時の満員電車に、次の停車駅でさらに乗客が乗り込んできたようなものです。停車駅でドアが開いた際に乗り込んでくる乗客によって、電車内部の乗客は外から押し込まれているわけですからエネルギーを受けているといえます。人と人の間隔はますます狭《せば》まり、また、ますます暑くなります。

このようなラッシュでの感覚と似ているのですが、原始の星の内部でも、星全体がどんどん収縮していくために、物質が押し込められて、どんどん高密度・高温度になっていき、ついには原子核と原子核の融合、核融合反応が始まります。その温度はおよそ１５００万度です。この核融合反応によって輝きはじめ、いわゆる「星」が誕生します。

　太陽のような星が生まれるのには、すなわち、最初の星雲の状態から、核融合反応が始まってみずから輝きはじめるまでには、だいたい１億年ぐらいかかります。太陽のような星の寿命はおよそ１００億年ですから、それに比べれば短い期間です。

円盤状の雲の中で誕生する原始の惑星

　原始の星の周囲に、円盤状に塵やガスが集まるわけですが、この円盤のような形状をした雲こそが、星の周りの惑星や、小惑星、彗星や隕石などを生みだすのです。そして、この円盤から生まれた惑星上で生命が生まれているのです。

　これらのことから、基本的にはこの円盤に含まれている物質こそが、生命を構成している材料のおおもとであると考えられます。こういった円盤は、最新の望遠鏡を用いて、実際に若い星の周囲にいくつも発見されています。

　この円盤は、最初のもやーっと広がった星雲のときよりもずっと濃くなっています。円盤に向かって周りから塵やガスがさらに落ちてくる一方で、しだいに円盤内部において、塵が大きくなっていきます。

といいますのも、塵が集まり、密度が上昇すれば、塵と塵がぶつかる頻度が多くなるからです。交通量が多い道路では、自動車の接触事故が増加するのと同様です。塵同士の衝突によって塵と塵が合体することで、だんだんと塵が巨大化していきます。

星雲のころの最初の塵は、1メートルの1千万分の1ほどのサイズですが、塵同士の合体によって、円盤内部では数キロメートル程度のサイズになります。これらの中には、さらに合体を続けて惑星につながるものもあれば、現在の太陽系の小天体（アステロイド）や彗星、隕石などにつながるものもあります。太陽系の初期に作られたものが、ほぼそのまま現在まで残っているものもあるわけです。

「はやぶさ探査機」をはじめ、探査機などで地球から離れた小さな岩のようなかたまりを直接探査する目的のひとつは、こういった太陽系初期にできたかたまりを詳しく調べて、太陽系（惑星や、そして生命）がどのようにできたのかを調べることなのです。

円盤の中でさらに合体して巨大化が続くものについては、ついには火星ぐらいの大きさ（地球の重さの10分の1ぐらい）になります。これが原始の惑星で、のちに地球などの惑星に成長していきます。また、太陽から離れて（地球よりも離れて）遠くにある原始の惑星は、周囲のガスを引き寄せて取り込み巨大化して、やがて木星などの巨大なガス惑星になります。

ところで太陽系では、地球や水星など、太陽に近い惑星は比較的軽いものが多く、木星や土星などの、太陽から離れた惑星は比較的大きいものが多くなっています。これは次のような事情によります。

惑星が生まれる円盤において、太陽に近いところでは、太陽からの強烈な光などの影響で、物質が蒸発してしまったり、吹き飛ばされたりしています。その結果、惑星の材料が少なくなってしまい、比較的軽い惑星ができる傾向があります。対照的に、太陽から遠く離れたところでは太陽からの影響が小さく、惑星の材料が豊富にあるため、大きな惑星ができやすい傾向があります。

なお、太陽系では8個の惑星や多くの小天体などが、中心の太陽の周りを、ほぼ同じ平面上で周回しています（15ページ図1）。その理由のひとつとしては、これらの惑星や小天体がもともと円盤状の平べったい雲から生まれるためです。

また、太陽系の惑星はすべて、太陽の周りを同じ方向に周回しています。この点も基本的には、もともと生まれた場所である円盤状の雲が回転していたことによる、その回転方向の名残なのです。

月はどのようにして誕生したか

さて、さきほどの原始の惑星についてですが、まだ火星ぐらいのサイズであり、地球よりも小さいです。原始の惑星同士の衝突が続き、さらに衝突・合体を続けて大きくなります。このようにして、およそ46億年前、地球が生まれたと考えられています。

この段階の原始の惑星同士の衝突は、巨大な物体同士の衝突であり、以前と比べて激しい衝突になります。

特に、地球と地球の月にとって重要な出来事であったと考えられている衝突があります。現在の地球のサイズぐらいにまで成長した原始の地球に、火星ぐらいの大きさの原始の惑星が衝突したのではないか、と考えられているのです。

この衝突によって、衝突した原始の惑星や、衝突された原始の地球の破片が周囲に飛び散りました。それらの破片がやがて重力によって集まり、月になったのではないか、と推測されています。

原始の地球全体に広がるマグマの海

原始の地球と原始の惑星の衝突によって月が誕生したわけですが、この衝突は原始の地球の立場からすれば、原始の惑星という巨大な物体が落下してきたといえます。このような巨大な物体の落下は膨大なエネルギーをもたらします。

ここで、下り坂を自転車で下りることを考えてみてください。ブレーキを踏まないとどんどん速度が上がって危険です。このように高いところから低い方へ物質が落ちると、重力によってエネルギーが増加するのです。

たくさんのものが落ちてくれば、それだけたくさんのエネルギーが持ち込まれることを意味します。巨大な物体の原始の地球への落下は、非常に高いところから、たくさんのものを、相当なスピードで一度にたたき込むのと同じことなのです。

原始地球への火星ぐらいの大きさの物体の落下により、膨大なエネルギーが持ち込まれたため、原始の地球全体がどろどろに溶けてしまうほど高温度になってしまいました。これは、「マグマの海」と呼ばれています。

地球全体がどろどろに溶かされた状態では、さまざまな物質が分解されてしまうため、地球の最初の段階では、生命はもちろんのこと、生命のもとになった物質も地球には存在できなかったのではないかと考えられます。

どろどろに溶けた地球は、やがて冷えて温度が下がっていきますから、マグマの海もやがてなくなり、地面や、「海」が誕生するようになります。海は38億年前にはすでに地球に存在していたことが古い岩石などの調査でわかっています。生命や生命のもとになった物質は、地球がある程度冷えた後に、地球上で作られたか、もしくは、地球外から持ち込まれた必要があると考えられるのです。

そもそも熱とは?

ここで、熱エネルギーについて簡単に触れておきましょう。

熱というのは、固体の物質の場合、物質がぶるぶると貧乏《びんぼう》ゆすりをしているような状態です。温度が高い物質ほど、激しくぶるぶると振動しているのです。温度が高くなりすぎると、この貧乏ゆすりが激しくなりすぎて、ひっついていた物質同士が離れてしまい、その結果、溶けたり蒸発したりするわけです。

一方、ドライヤーやストーブから流れてくる熱は、空気という気体の熱が流れてきています。気体というのは、小さなたくさんの物質がそこら中に飛び交っている状態であり、気体が熱いほど、飛び交っている物質がより激しく動いている状態になっています。

熱のエネルギーというのは、このような物質の激しい動きのようなものなのです。ドライヤーを例に、熱が伝わる仕組みを簡単に説明すると次のようになります。

ドライヤーからの熱い空気が髪の毛にぶつかると、熱い空気の中の物質の激しい動きが、髪の毛の中の物質にたたきつけられて、髪の毛の物質が貧乏ゆすりのように振動しはじめるために、髪の毛が熱くなるのです。

前節のように、原始の地球へ膨大な量の物質をたたきつければ、地球の物質が激しく貧乏ゆすりを始めて熱くなりすぎ、溶けてしまいます。ものをたたきつけるためにはエネルギーが必要ですが、この場合のエネルギー源は重力エネルギーでした。

なお、宇宙のように、空気のような気体の物質すらない真空状態においては、熱は伝わりません（ただし、宇宙空間には実際には非常にわずかに物質があるので、非常にゆっくりと熱は伝わることはできます）。

初期地球への隕石の大量爆撃

地球は、原始の惑星が衝突・合体を繰り返しながら、およそ46億年前に誕生しました。衝突によるエネルギーによって地球は最初、高温状態でしたが、だんだんと冷えていき、平穏が訪れたかに見えました。しかし、宇宙からの厄災《やくさい》は、忘れたころに再び訪れました。

初期の地球においては、隕石などの地球への落下が続いていたと考えられていますが、約40億年前あたりに隕石の落下が激しくなった時期があったと考えられています。このような大量の隕石の爆撃のような落下は、生命がもし存在していたとすれば、非常に危機的な状況です。

一方で、大量の隕石に含まれる大量の物質が、この時期に地球に持ち込まれたことを意味しています。現在、さかんに隕石に含まれる物質が調べられている理由のひとつは、宇宙からどのような物質が地球へ持ち込まれたのかを調べるためです。

そして、大切なのは、このような隕石の大量爆撃が起きた時期です。約40億年前あたりと記述したように、この時期は、最初の生命の時期と考えられている約38億年前よりも前のことです。しかも、地球の長い歴史からすると、この二つの出来事は非常に近い時期です。この点を覚えておいてください。第4章で再び言及いたします。

以上のように初期の地球は、現在とはまったく異なる過酷な世界でした。地球の形成当初は生命が住めるような環境ではなく、また、生命につながるような物質もなかったと思われます。地球の初期に起こった一連の出来事を考えると、隕石などの大量の落下物が、生命につながるような物質を地球へ持ち込んだ可能性を考慮する必要があります。

はやぶさ探査機——ロボットによる地球外での現地調査

以上のような太陽系の過去を調べるには、「はやぶさ探査機」のような、地球外での現地調査がひとつの大きな役割を担っています。ここで簡単に触れておきます。

太陽系には、太陽系が生まれたときの残骸《ざんがい》が今も残されていると考えられています。そういった残骸は、いわゆる小惑星や彗星などといった、小さな岩石などのかたまりとして、太陽系に浮遊しています。

その中には、太陽系の初期の状態のまま残っているものもあると考えられています。これらの残骸には惑星になりそこねたものや隕石になるものもあるため、生命の材料になった可能性のあるものも残されていると考えられるのです。

こういった残骸を詳細に調べることができれば、太陽系がどのように生まれ、また、生命がどのように生まれたのかが、さらに明らかになることが期待されます。そういった残骸まで宇宙探査機を飛ばして、すぐそばで直接調べ、そしてその残骸の物質を地球まで持って帰ることができれば、非常に多くの手がかりが得られるはずです。

２０１０年６月に、小惑星探査機「はやぶさ」が地球へ戻ってきたことが話題になりました。

実は、地球の重力圏の外、はるか遠くの小惑星まで探査機がたどり着き、そして地球まで戻ってきたということは、世界で初めてのことなのです。ＮＡＳＡですら達成できていないことでした。日本のチームは技術的に非常に難しいことを世界で初めて達成したのです。

はやぶさが調査に行った小惑星「イトカワ」は、はやぶさによりすぐそばで撮影観測が行なわれ、ついにその全貌《ぜんぼう》が明らかになりました（図９）。イトカワは惑星と比べてサイズが小さく、地球からも離れているため、地球上での望遠鏡による詳細な観測は難しく、はやぶさの現地調査は大きな成果となりました。

イトカワだけでなく、太陽系の惑星などは非常に小さな塵から始まり、衝突して合体したり、もしくは衝突により破壊されながら、現在の姿になったと考えられています。

具体的にどのような進化を遂《と》げてきたのかを調べるのに、小惑星などがどのような形をしていて、その表面はどのような状態で、どのような物質なのか、探査機のもたらす詳細なデ

図9　小惑星イトカワとはやぶさ探査機

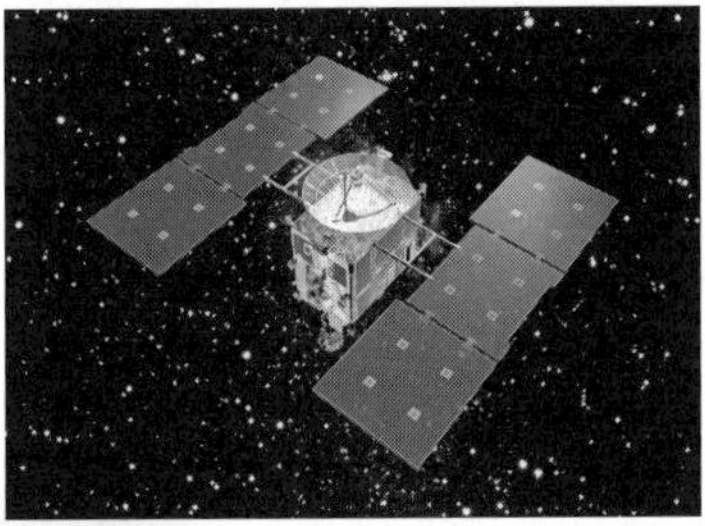

小惑星探査機「はやぶさ」▶（CG）。本体両側に６枚のソーラーパネルをひろげている

◀「はやぶさ」が撮影した小惑星イトカワの写真。全長およそ５４０メートル

提供 JAXA

ータは非常に意義が大きいものです。

なお、イトカワは、地球からおよそ3億キロメートル離れているため、イトカワへ到達したはやぶさとの通信には時間がかかります。

たとえば、はやぶさが撮影したイトカワの写真が地球に送られてくるのに、約17分かかります。さらに、その写真を研究者たちが見て必要な命令を即時に判断したとしても、地球からはやぶさに命令を出し、その命令がはやぶさに届くまでにも、約17分かかることになります。はやぶさとのやりとりに必要な時間は、往復で少なくとも約35分はかかってしまうのです。

これは、たとえていえば、車を人間が運転

するときに、運転者が見ている風景が、いつも17分前の風景だということです。しかも、ハンドルを切ったりブレーキを踏んだりしても、実際に車がそのとおりに動くのは、17分後なのです。このような状態で公道を走ったり車庫入れでもしようものなら、大きな事故につながるでしょう。

はやぶさは、地球から遠く離れた場所で着陸という、非常に高度な制御を行なわなければなりませんでした。地球からすべての運転制御を行なうのでは、必要な制御が間に合わないのです。そのため、イトカワはある程度自動化されていました。センサーで自分の位置などを把握しながらみずから判断して運転を制御できる「ロボット」といえます。

さて、はやぶさは、カプセルにイトカワの物質を取り込もうとしたとき、センサーに反応した「なにか」を、はやぶさ自らの判断で回避しようとしました。その際に姿勢を崩し、自らの機体をイトカワにぶつけるという事態に陥《おちい》ります。イトカワからは離陸することに成功しますが、その後、燃料が漏《も》れていることが判明し、姿勢を制御することが難しくなりました。

はやぶさの姿勢の制御ができなくなると、太陽光を集めるためのソーラーパネルが、太陽の方向からそれてしまうおそれが生じます。完全にそれて闇に落ちれば、はやぶさの電源である太陽電池が死んでしまうのです。実際、はやぶさの電力は落ちて一時は仮死状態に陥り、はやぶさからの通信は途絶えてしまいました。

しばらくの間、はやぶさは宇宙を漂流していましたが、その孤独な漂流の中で、はやぶさは自然と回転していました（宇宙空間では完全な固定はむしろ難しいのです）。そのため、再び太陽の方向へソーラーパネルが向く可能性はあったわけです。実際に、太陽の光がはやぶさの太陽電池を不完全ながらもよみがえらせます。はやぶさは再度立ち上がり、地球との通信が復活し、地球への帰還を始めました。

その後、はやぶさは見事に地球へ戻り、大気圏に突入します。無事にカプセルを地球へ届け、はやぶさ自身は大気圏突入時にばらばらになりながら燃え尽きました。打ち上げから約７年もの間、宇宙空間を60億キロメートル以上も旅してきたはやぶさの最期でした。

はやぶさが決死の覚悟で地球へ届けたカプセルは、どこかに飛んでいって行方不明になるようなことはなく、着地予定地点へ確実に送り届けられました。過酷な宇宙空間での限界を超えた長い旅の中で、機体はぼろぼろ、中身のコンピューターもぼろぼろ、それでもはやぶさは、カプセルを約束の場所へ送り届けたのです。

カプセルは無事回収されて、その中身の詳細な分析が進められました。そして、本稿の執筆中に、カプセルの中身から、地球外の岩石の微粒子が確認されたとのプレスリリースが発表されました。はやぶさは、はるか彼方《かなた》のイトカワから、イトカワの物質を確実に地球へ、そして日本へ持って帰ってきたのです。世界でも初めての偉業となったといえます。

今後もさらなる詳細な解析が進み、持って帰ってきた物質が意味することが、いっそう明らかになってくると期待しています。また、イトカワの表面付近と内部とでは物質が異なる可能性があります。今回持ち帰った物質が、イトカワのどのあたりの物質かはまだはっきりしませんが、新たな探査機による、さらなる調査も期待されます。

こういった研究ができるようになったこと、そしてそういった研究を世界で初めて日本のチームが成功させたことは、非常に喜ばしいことです。今後も太陽系、地球、そして生命の生まれた環境の残骸がさらに調べられ、新たな事実が明らかになっていくことでしょう。

第3章

生命とはなにか

——生命を作る物質とその仕組み

そもそも「生命」とはいったいなんなのでしょうか。生命の定義については、研究論文によっても若干異なっています。意外に思われるかもしれませんが、生命体はそこら中にいるにもかかわらず、生命の定義は案外難しいのです。また、生命はどのようにして、その命を維持しているのでしょうか。

ここでは、それら「生命とはなにか」について現在の地球の生命に着目しながら、将来の地球外生命の探査も考慮しつつ、まとめてみます。

生命の定義とは

生命の定義として、まず、「外界との分離」が挙げられます。たとえばペットボトルの中の水を考えてみます。あるペットボトルに入っている水を、別のペットボトルの水と、大きな鍋の中で混ぜてしまえば、もともとはどちらに入っていた水なのか、もはや区別ができなくなります。

もし、生命体が周りの物質や別の生命体と簡単に混ざって、もとの生命体がなんだったのかわからなくなってしまうのであれば、その生命体を維持することは困難です。

当たり前のことのように思われるかもしれませんが、これは意外に重要で微妙な問題です。生命を形作っている物質は、もともとは周囲の自然環境に存在しているものです。生命からはがれ落ちた皮膚や髪の毛、生命からの排泄《はいせつ》物、最終的には亡骸《なきがら》は、自然の物質へ還《かえ》っていきます。

一方で、生命は生きていくために自然に存在しているものを摂取しますから、生命にとって都合よく自然の物質を自らに取り込む必要もあるのです。生命を形作るためには、「生命の固有の部分」と「その生命の外の部分」とが、都合よく分かれていなければなりません、少なくともその生命が生きている間は。

図10　細胞の構造

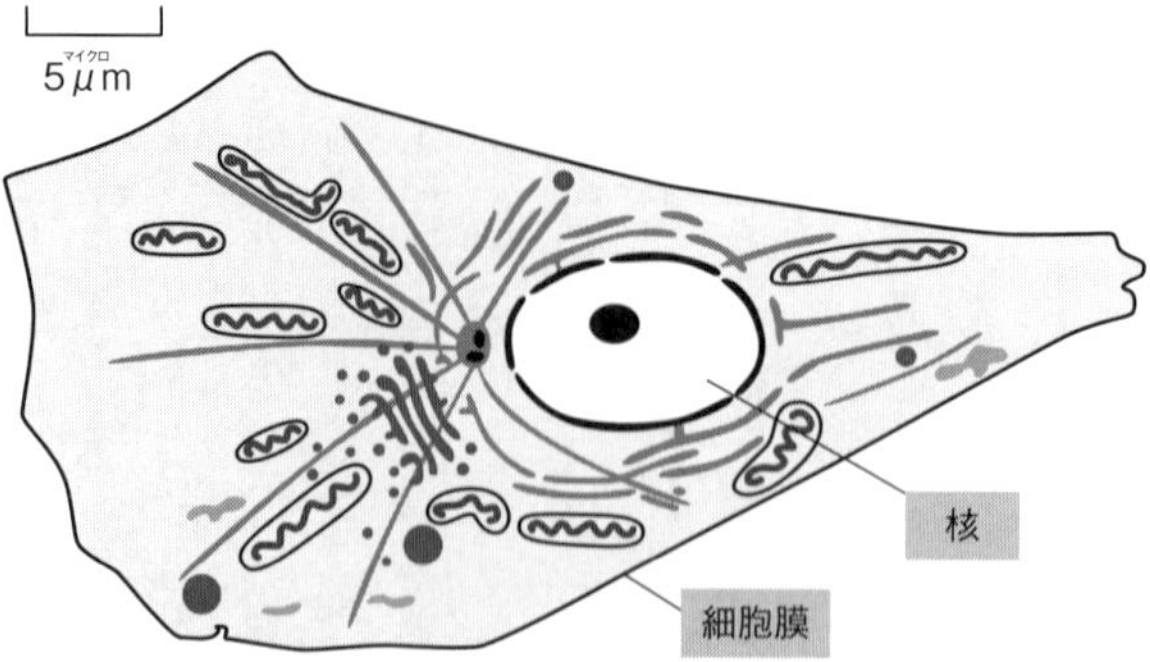

動物の細胞の例。生命の設計図となる DNA は、核の中に収納されている。植物などでも基本的な構成はほぼ同じである。なお、左上の5μmは1ミリメートルの200分の1である。

我々の知っている地球上の生命は、外界との分離と摂取の問題を、「細胞」という巧妙《こうみよう》な仕組みを持つ、小さなかたまりによって乗り越えました（図10）。私たちが普段目にする小さな生物も大きな生物も、細胞がたくさん集まって成り立っています。

たとえば、私たち人間の体は、およそ60兆個の細胞から成り立っているのです。細胞は、ある意味、たくさんの水と、多少の具が詰め込まれた袋のようなものです。細胞にはさまざまな種類があり、その形状はさまざまです。そうした細胞について、さらに詳しく見ていきましょう。

生命の設計図となるＤＮＡ――保存された暗号情報

ある生物体が、ある生物体として存在しつづけるにはどうすればよいでしょうか。

生物は子供から大人へ成長しますし、髪の毛が伸びたりするように、生物の体は常に生まれ変わっているといえます。ある生物体を作りあげ、維持できるような、生命の設計図となる情報が生物体の中にあるのではないかと予測がつきます。地球の生命が細胞の集まりとして作られているのであれば、細胞の中に、こういった生命を作るための情報が収納されているはずです。

このような情報の仕組みを考える上では、次のような例が参考になります。情報がなんらかのルールのもとに保存され、その保存された情報を読み取り、なんらかのルールに従ってその情報を解読して、現実のものとするようなものの身近な例として、ＤＶＤやＣＤの仕組みについて考えてみましょう。

ＤＶＤやＣＤに保存されている映像や音楽のデータは、０と１の組合わせの羅列《られつ》によって、必要なすべての情報が保存されています（図11）。ディスクの裏面には、無数の小さなくぼみが（たくさんの同心円状の輪の上に並べて）刻まれており、それらのくぼみの並び方が、０と１の並び方に対応しています。

ディスクをラジカセやパソコンのディスクドライブに挿入すると、内部ではディスク裏面に向けてレーザー光線が放たれており、くぼみの並び方によってレーザー光線の反射のされ方が変わります。この性質を利用して、0と1の並び方が読み取られるのです。

0と1の並び方がわかれば、それに対応するように、CDやDVDの規格（つまりルール）に従って音楽が再生されたり、映像が再生されたりするわけです。ある映画のDVDは、ある人のDVDプレーヤーで再生しても、別の人のDVDプレーヤーで再生しても、基本的には同じ映画が再生されます。

突然CDやDVDの話を取り上げてしまいましたが、生物の体内で起きている現象も似たようなものなのです。

ある生物体を構築するために必要な情報は、細胞の中に隠されているDNAという物質として保存されています。DNAは、糖などからできた4種類の物質が、鎖《くさり》のようにたくさん連結されている長い物質です。

DVDやCDでは、ディスク裏面にある小さなくぼみの並び方、つまり、0と1の並び方によって、映像や音楽の情報を蓄《たくわ》えていました。同様に、DNAを作っている4種類の物質の並び方が、生命を構築するための暗号情報そのものなのです。DNAの中の4種類の物

図11　DNAは人体の設計図を記録している

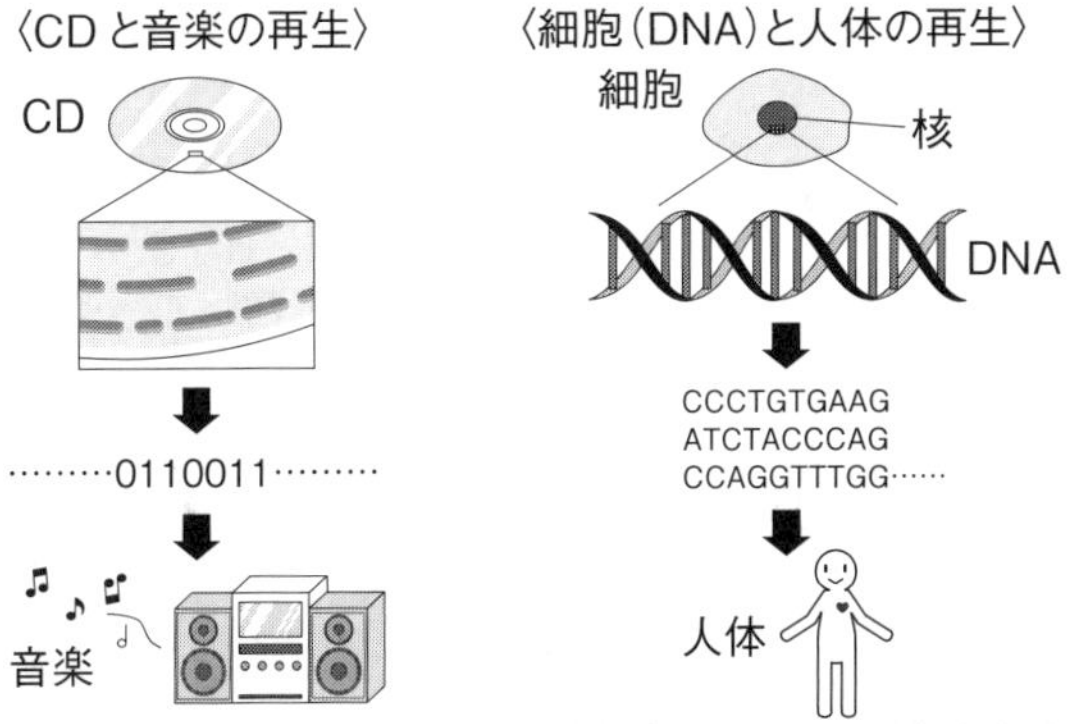

CDは盤面のくぼみから「0,1」の暗号を読み取り、音楽を再生する。同様に、人間はDNAに含まれる4つの物質から「A,T,G,C」の暗号を読み取り、人体を“再生”している。

質は、枝分かれすることなく並んでいます。細胞ひとつひとつの中に、こういったＤＮＡによる情報が蓄えられています。

　このようなＤＮＡ中の４種類の物質は、それぞれ性質が異なっています。細胞内においても、４種類それぞれの物質が異なるもの（Ａ、Ｔ、Ｇ、Ｃと呼ばれます）として認識され、ＣＤやＤＶＤプレーヤーがディスクを読み取って音楽や映像を再生するように、生命を構築する情報として解読されているのです。

　生物体の中では、たくさんの生理現象が起きていて、それらに対応するためのたくさんの部品があります。膨大にある、その生命に必要なものすべてを作りだす情報がＤＮＡの中に記録されているのです。

　そのため、ＤＮＡは細長く大きな物質になっています。たとえば、人間のＤＮＡの鎖は２メートルぐらいあります。ＤＮＡを作っている物質はとても小さなものですから、２メートルとなれば、きわめて長大な暗号になっています。人間のＤＮＡのすべての暗号を本にまとめたら、百科事典のような分厚い本１０００冊にも収まりきらないでしょう。

　暗号と書きましたが、ＤＮＡの情報は、辞書などのように整然と生命の設計図が書き込まれているわけではなく不規則で、一見、無意味なものとすら感じられる、まさしく暗号なのです。

　また、このようにＤＮＡは長く大きな物質であるにもかかわらず、細胞という非常に小さなものの中に入っています。

　たとえるならば、何十キロメートルもの細く長い糸が、テニスボールの中に詰め込まれているようなものです。しかも、このような長い糸が、からんでほどけなくなるように雑に入れられているのではなく、「きれいに折りたたまれて」詰め込まれています。

　なお、第１章で「ゲノム」という言葉をご紹介しましたが、「ＤＮＡという物質」が持っている膨大なすべての情報、つまり、生命の設計図の内容のことが、ゲノムと呼ばれています。

人間の細胞と細菌の細胞の違い

地球上の生命は細胞から成り立っていますが、生命のタイプによって細胞の構造は異なっています。特に細菌の細胞は、人間や植物などと比べて、細胞の構造が非常に質素なもので、明らかに異なっていることがわかっています。

生命を構築するための情報を記録しているのがDNAですが、人間や植物などでは、細胞の中の「核」と呼ばれる特別な場所に収納されており、細胞の中身が複雑になっています(74ページ図10、および81ページ図12)。

しかし、細菌においては、DNAを収納するための特別な場所はなく、細胞の中にそのままDNAが収納されています。また、人間などの細胞は、細菌の細胞と比べるとずっと大きく、典型的なものでは大きさにして10倍、体積にして1000倍になります。

細菌の細胞は、人間などの細胞と比べて単純なものではありますが、この単純な細胞のほうが、多様な能力を持っていることがわかっています。私たち人間が取り込めるような栄養を食べる細菌ばかりではありません。メタンガスを食べる細菌もいれば、硫黄物質を食べるものもいます。

こういった細菌などは、地球に非常にたくさん存在しています。その実態は、いまだによくわかっておらず、推計によれば99％の細菌はまだ調べられていないといわれています。

また、生命によって、その生命を構築している細胞の数は異なり、たったひとつの細胞から成り立っているものもいれば、複数の細胞から成り立っているものもいます。人間のように大きな生物体は非常に多数の細胞から成り立っていますが、細菌のような小さい生命体は、ひとつの細胞から成り立っているものも多いのです。

細菌以外でも、たとえば動物の中にも小さなものについては、ひとつの細胞から成り立っているものもいます。たとえば、アメーバやミドリムシなどの目に見えない小さな動物がいますが、これらはたったひとつの細胞からできている動物です。

細胞の構造や細胞の数は生命によって異なっていますが、いずれにせよ、地球上の生命は細胞という小さなかたまりから成り立っているのです。

細胞を覆っている膜《まく》

細胞を覆っているのは、薄い膜です。本章の冒頭に、ある細胞とそれ以外の世界が分けら

図12　動物の複雑な細胞と細菌の質素な細胞

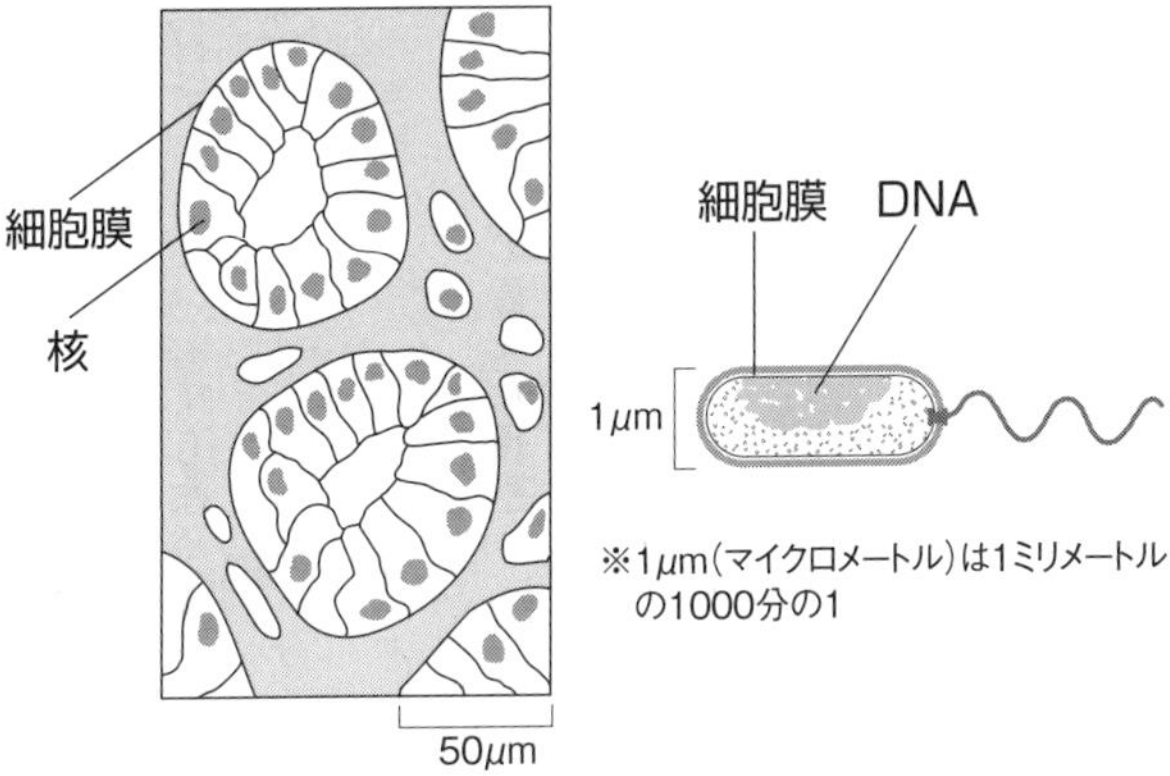

※1μm(マイクロメートル)は1ミリメートルの1000分の1

腎臓(多細胞)　　細菌(単細胞)

れていることが生物の定義のひとつだと述べましたが、その境界が、この膜です。膜で囲まれた中に、生命にとって大切な暗号情報や部品が詰め込まれているのです。

この膜こそが、ある生命とそれ以外の世界を分けている境界ともいえるでしょう。この細胞の膜はとても薄いもので、厚さはわずか1ナノメートル（1メートルの10億分の1）ぐらいしかありません。

しかし、細胞を覆っている膜は、外部と内部とを完全に遮断《しゃだん》しているわけではありません。物質によって通過できたりできなかったりします。細胞にとって都合のよいように、その膜の外と中との物質の移動を制御できているのです。

いうなれば、網の目の「水切り」の中で野菜を蛇口からの流水で洗うとき、これから料理に使おうとしている野菜は網の「水切り」の中でとどまる一方、水や小さな汚れは網の目を通り抜けて流れていってしまうようなものです。

細胞の膜においては、次のように、物質の性質を利用したややこしい反応によって物質の移動を制御しています。

細胞における水の偉大な役割

では、なぜ物質によって細胞の膜を通過できたり、できなかったりするのでしょうか。ここでは、簡単に細胞の材料と、その材料の性質をうまく利用した生体反応について簡単に述べておきましょう。

まず、細胞の体重の約70%を占めるのは、(液体の) 水です。

生命の体の大半は水なのですが、細胞の内部の大半も水なのです。細胞の中の部品もこのような水の中にあります。そして、細胞の中で起きている生命活動のための物質の反応も、ほとんどが水の中で起きています。

水とは、たくさんの水分子が集まったものです。水分子とは、図13のように、一つの酸素

図13　水に物質が溶けることができる理由

＜水分子の構造＞

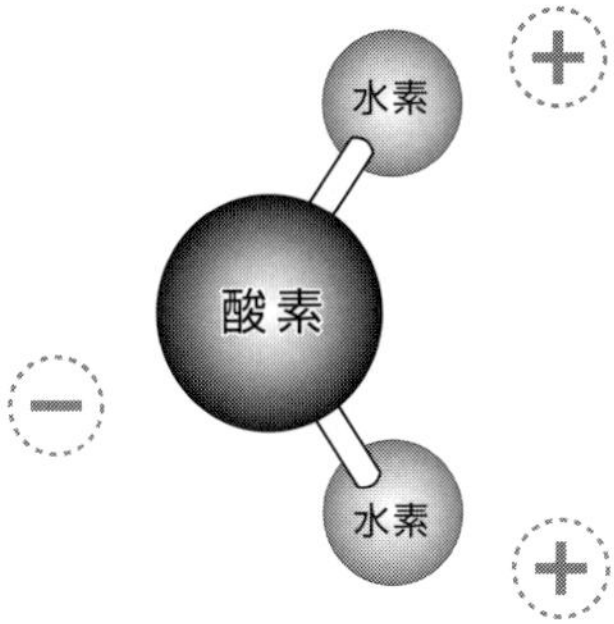

水分子は酸素 1 個と水素 2 個でできているが、酸素側はマイナスに、水素側はプラスに電気的なムラがある。そのことによって、様々な物質を引きつけることができ、物質が溶ける。

に2個の水素が結びついたものです。水分子1個の大きさは、だいたい1ミリメートルの250万分の1ほどしかありません。1キログラム（約1リットル）の水は、10兆の3兆倍個以上もの水分子からできています。

実は酸素は水素と比べて、電気的な力がたいへん強い物質です。このような酸素と水素の間の電気的な力の不釣り合いが、水という物質に、電気的なムラを発生させています。

電気的なムラが発生すると、物質が引き寄せられたり、はねとばされたりします。髪の毛に下敷きをこすりつけると、静電気が発生して下敷きに髪の毛が引きつけられるのと同様のことです。髪の毛と下敷きに電気的なムラができてしまったため、電気的なムラを持つもの同士が引きつけられているのです。

水という物質には、物質そのものに電気的なムラがあり、この性質こそが、水の中でさまざまな物質が引きつけられて溶け込める原因になっています。

実際、細胞内で用いられている多くのタンパク質や、糖、ＤＮＡといった生命にとって重要な物質はほとんどが水によく溶けます。水という物質が持っている特有の性質や、物質によって水に溶けやすかったり溶けにくかったりする違いが、細胞にとって、また、生命活動のための反応にとって非常に重要な役割を持っています。すなわち、水は地球の生命を構築する上で非常に重要だということです。

さて、細胞の中には多量の水があり、この水を細胞の中にとどめておかなければなりません。その役割を担うのが細胞の膜です。

水に溶けてしまう物質では、膜にはなることができません。水に溶けないものといえば、脂《あぶら》です。細胞を覆っている膜は、脂質からできています。

たとえば、人間の細胞の膜は、コレステロールなどの脂質からできています。コレステロールといえば、健康診断やらダイエットなどの話題で耳にする言葉ですが、人間の細胞を覆っている膜を作っている大切な物質なのです。水に油が浮くことは、普段の生活でも見かけますが、生命の細胞を覆っている膜も、水に浮かぶ油のようなものなのです。

細胞を覆っている膜には、糖が脂質にひっついたものや、さまざまなタンパク質が存在します。こういった細胞膜にある物質が、他の細胞を識別したり、細胞の膜を特定の物質に通過させるなど、細胞の膜にさまざまな機能を与えているのです。

ちなみに、人によって血液型が異なるのは、細胞の膜にある、糖がひっついた物質が、わずかに違うためです。

また、細胞の膜にあるタンパク質が細胞の働きにおいて重要な役割を演じている一方で、細胞中の部品などもタンパク質などで作られています。タンパク質を作っているのは、もちろんアミノ酸です。細胞中のＤＮＡは、糖などからできています。細胞には他にも多少の物質が含まれていますが、主にはこういった材料から作られています。

なお、糖にせよ、脂質にせよ、アミノ酸にせよ、これらの物質は、炭素という物質を中心にいろんな物質がひっついたものです。物質によって、ひっつけられる物質の数が決まっているのですが、炭素はその数が特に多い物質なのです。そのため、大きな物質や複雑な物質を作りあげるのに適しています。

また、ダイヤモンドや鉛筆の芯など、これらは炭素などからできている物質です。宇宙空間でも炭素がひっついた物質はたくさん見つかっていて、炭素は特に活躍している物質のひとつです。

このように細胞は、それぞれの物質が持っている性質を巧《たく》みに利用して成り立っています。液体の水は重要な役割を担う物質のひとつですが、これは、地球に液体の水があったゆえに、そういった環境に適応するために、自然と今のような生命の仕組みになったのだろうと多くの研究者が考えています。

では、やはり水がないところでは、生命は存在することはできないのでしょうか。

大切なのは、物質の持つ性質のほうであって、物質の種類そのものではありません。もし、生命を作り出す上で、地球の生命では使われていないような別の物質を、代わりに使用できるのであれば、その物質を使う生命が現われる可能性は否定できません。

宇宙にはさまざまな環境があります。他の物質で代用できるのであれば、地球の生命以外では、生命の存在のために水である必要はないでしょう。

生命を維持するアミノ酸の働き

タンパク質は細胞の材料である一方で、細胞内で物質をひっつけたり、切り離したりする

図14　タンパク質の構造

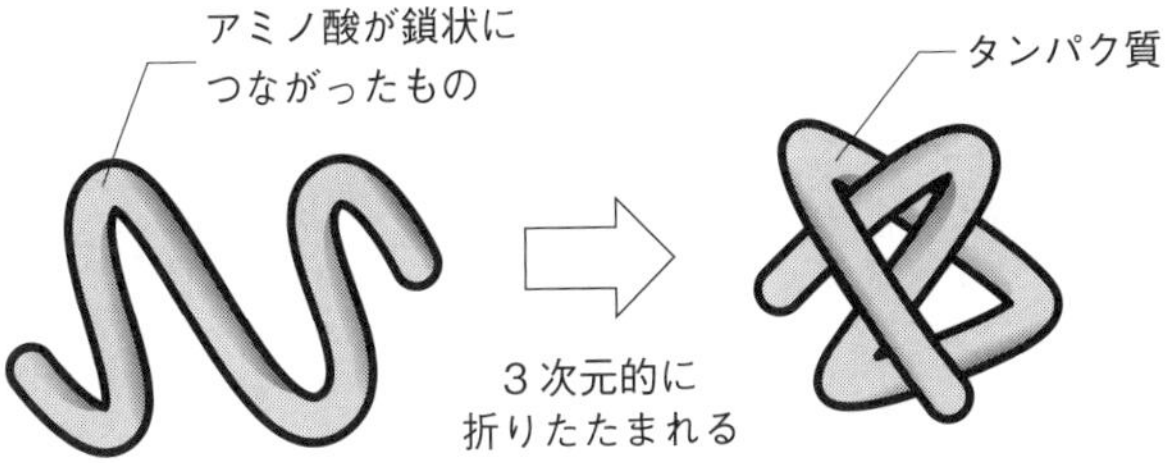

などのたくさんの働きも担っています。

タンパク質はたくさんのアミノ酸が鎖のようにつながった巨大な物質です。この、鎖のように長く大きな物質は、ふにゃふにゃとランダムな形をしているわけではありません。タンパク質は、ある特定の形状に折りたたまれることで、生命活動のための働きを持つようになります（図14）。

アミノ酸がたくさんつながった鎖の折りたたみ方は、螺旋《らせん》状なものと、平面的なものの二とおりあります。アミノ酸の鎖はとても長いので、この二つの折り方が繰り返されることで、最終的には複雑な形になります。くしゃくしゃにしたようなタンパク質もあれば、長くねじったようなもの、螺旋状のもの、ドーナツのようなものなど、さまざまな形があります。

たとえば、コラーゲンは、細長く伸びたロープのようなタンパク質のひとつです。よじれて巻きつき合った三重の螺旋構造からできているため、非常に丈夫な物質です。

たくさんの種類のタンパク質が、さまざまな形で折りたたまれていますが、このような、それぞれのタンパク質が持っている特定の形状が、ジグソーパズルや組み立てブロックなどのように、ひっついたり離れたりするのに役立っているのです。

さらに、この形状は、生命反応を行なうための相手の物質を選ぶことにも役立っています。周りにあるたくさんの物質の中から、相手の物質を選ぶことができるのです。

こうしたタンパク質の性質が、細胞の活動に必要なさまざまな働きをもたらしています。細胞内で食べ物からエネルギーを取り出すのも、また、細胞を作るための材料を作りだすのも、タンパク質の働きによります。後述のDNAの複製や修復についても、タンパク質のおかげなのです。植物が行なう光合成などもタンパク質の働きです。

以上のように、生命を構築している細胞の性質や働きを決めているのは基本的にタンパク質です。そして、そのタンパク質はアミノ酸からできています。タンパク質がどのように働くかは、20種類のアミノ酸がどのように鎖のようにつながっているかということと、その鎖のような連なりが、どのように折りたたまれてどのような形状になっているかによって決まっています。

アミノ酸は、単純に生命の身体の材料になっているだけでなく、生命に必要な機能、つまり、生存し、繁殖し、進化することなどにおいて、たいへん重要な物質なのです。

生きるためのエネルギーをどこから得ているか

エネルギーがなければ、細胞の活動、化学反応が起こりません。生命は、生きている生物体であるためには、エネルギーが必要です。糖や脂質は、細胞の材料にもなっていましたが、細胞の、すなわち生命のエネルギーにもなっています。

たとえば、植物中のデンプンは糖ですが、これもエネルギーの源です。また、肉やバターなどの動物性脂肪や、オリーブ油などの植物油に含まれている脂質は、同じ重さの糖と比べて、6倍のエネルギーを取り出せます。

こういったエネルギーの取り出しは、タンパク質の働きによっています。

物質がひっついたり離れたりする際には、エネルギーが消費されたり、もしくは作りだされたりします。エネルギーが消費されるか作りだされるかは、物質の種類によります。

物質というのは、エネルギーが低いほうが安定しています。そのため、なるべくエネルギーが低い状態になるように、エネルギーを放出できるように変化する傾向があります。たとえば、ものが落下するのは、そのほうが重力エネルギーが低くなるためです。

また、電池は電気製品を動かせるようにエネルギーを作りだしています。電池の中では、不安定なイオンが電子とひっつく際にエネルギーが発生していて、そのエネルギーを電池の外に取り出しています。これはひっついたほうが安定した物質になれるためです。

細胞の中では、糖や脂質がタンパク質によって分解される際にエネルギーが発生していて、このエネルギーを細胞が使っています。ここでも、やはりタンパク質が重要な役割を演じています。

なお、水や、空気中の二酸化炭素は地球にたくさんありますが、これは地球環境においてはエネルギーが低く安定な状態だからです。地球では、これらの安定した状態をもとに物質やエネルギーが循環しています。

さて、自然界では、常に必要な食べ物が得られるとは限りません。筋肉や肝臓などの細胞の中には、エネルギーのもととなる物質を貯め込むことができるので、必要なときに貯めておいたエネルギーが取り出されています。食事と食事の間や、寝ている間にこれらの貯めていたエネルギーが使われています。

また、細胞の活動のためには、ある程度の熱エネルギーも別に必要であり、体温がその熱エネルギーを担っています。たとえば、冷たい水よりも温かい水のほうがものを溶かしやすいように、熱エネルギーは反応を促進します。水の中では、温度が高くなればなるほど、水を作っている物質が激しく動いている状態になっていて、その結果、物質と物質がぶつかる頻度や強度が増加して、反応する機会が増えているのです。

生物体が持っている体温も、生命に必要な反応を後押ししています。それゆえに、体温が低くなりすぎると生きるために必要な反応が起こりにくくなるため、生命にとっては危険な状態です。

ところで、生命は外部からエネルギー源を取り込む必要がありますが、エネルギーの取り込み方は生命の種類によって異なります。動物などは他の生物の体を食べることでエネルギーを得ます。他の生物がまったくいない状況では動物は生存することができません。

一方で、生物以外の自然にあるエネルギーを取り込める生命も存在します。植物や細菌などは、太陽光エネルギーを利用して、いわゆる光合成からエネルギーを得ています。

また、深海や地面の下のような、太陽光が十分に届かない環境にも（他の生物を食べない）

生命は存在しています。

たとえば、海底の奥底には火山のようなものがあり、350度を超える熱水が地球内部から噴き出しているところがあります。そうした場所では、地下にしみこんだ海水が地球内部の熱い岩石が溶かされており、その岩石に含まれていた物質が熱水と共に海中に噴き出しています（図15）。これらの地球内部から噴出した物質などから、エネルギーを取り出している細菌などの微生物も存在することがわかっています。

エネルギーの摂取方法でわかる生命の進化

このように、地球上の生命だけを考えても、彼らが生きるためのエネルギー源はさまざまです。他の生物を食べなければ生きていけない生物がいる一方で、生物以外の自然にあるエネルギーを取り出せるような種も存在しているのです。

動物は、他の動物や植物などを食べることで生きていくエネルギーを得ていますが、そういった食物連鎖において、最も弱い動物は草食動物です。草食動物は植物を食べることでエネルギーを得ています。一方、光合成する植物は太陽のエネルギーを使って生きています。

つまり、動物も植物も、彼らの生命を保っているエネルギーのおおもとは、基本的には太

図15　極限環境で生きる生物

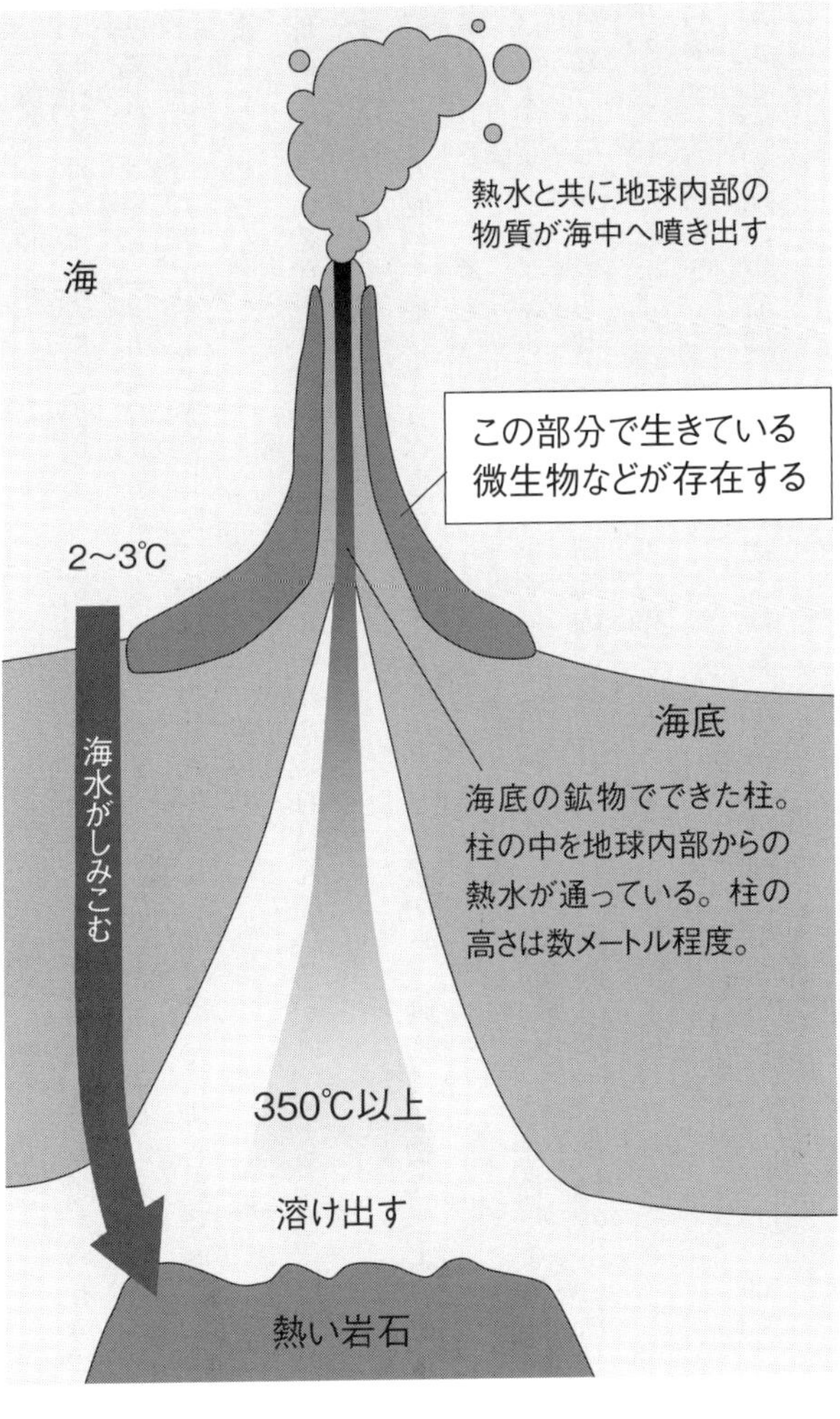

陽のエネルギーなのです。

まっ暗で、すかすかな、この広大な宇宙において、たまたま地球の近くに太陽というみずから光る星、まさにエネルギーのかたまりがありました。このことは、液体の水を存在させるだけでなく、エネルギーの源として、地球の多様な生命にとって非常に大きな意味を持っていました。

地球のそれぞれの生物がどのようにエネルギーを取り込んでいるかは、生命の進化についてのヒントを示しています。

動物は、他の動物や植物を食べなければ生きていけませんから、動物は植物などよりも後から誕生したとしか考えられません。

実は、太陽光からエネルギーを取り出す植物についても、その植物だけでは必要な生体活動を行なうことができません。細菌が植物内に共生しており、細菌によって植物の生命活動が補《おぎな》われているのです。ですから、光合成を行なうような植物などは後からでてきたと考えられます。

おそらく、初期の生命は、動物や植物よりも、もっと単純で小さなものだったはずです。

ＤＮＡのコピーミスも進化の要因

細胞は分裂することで増えます。細胞が分裂することで新しい細胞を作りだしているのです。たとえば、大腸菌は1日ぐらいで、たった1個の細胞が、何十億個までに増殖します。人間の一生の間の細胞の分裂の回数は、およそ1兆の1万倍にも達するのです。

細胞が分裂して新たな細胞を生みだす際には、その細胞の中にあるＤＮＡも複製されて、新しい細胞の中にも、同じＤＮＡ情報が受け渡されます。

しかし、この複製には、たまにミスがあります。そのミスを修正する機能が細胞にはあるのですが、それでもごくまれにミスが残ってしまうことがあるのです。

また、ＤＮＡは、有害物質や放射線などによってＤＮＡ情報にキズがつけられることがあります。たとえキズがついたりしても、それを修復する機能が細胞にはあるのですが、この修復にもたまにミスがあります。

幸か不幸か、こういったうっかりミスにより、「正しい」ＤＮＡとは少し異なったＤＮＡができてしまうのです。長い時間の間に少しずつミスが積み重なると、ＤＮＡはしだいに変化してしまいます。

このような、ＤＮＡという生命の設計図の変化が、生命の変化、つまり進化につながっているのです。また、第1章において、ゲノム情報が取り込まれたり、切り貼りされて書き換えられたりすることをご紹介しましたが、実はこれはDNAという物質の（部分的な）取り込みや切り貼りのことでした。こういった積極的なDNAの変化も、第1章で言及したとおり進化の要因となっています。

ただし、地球の「そのときの」環境に対応できないような生命が生まれたとしても、生き残れないでしょう。地球は、誕生して以来ずっと、同じ環境を維持してきたわけではありません。およそ46億年もの間、地球上の環境も、また、太陽系の環境も変化してきました。ある環境に対応できる生命は、環境が大きく変われば、その新しい環境で生存できるとはかぎりません。

DNAが常に変化する可能性、つまり地球の生命が進化できるということは、こういった地球環境の変化に対応していく上で重要な性質です。

DNAの変化による細胞の暴走——癌《がん》

DNA情報にできたキズを修復する能力は生命にとって非常に重要なもので、細菌などでは、生命の暗号情報の数%が、DNAの修復のためだけに使われているほどです。人間においては、ＤＮＡの修復に問題が生じると、癌や白血病、神経などの病気を引き起こすことがわかっています。

ＤＮＡが大きく変化しすぎると細胞が暴走することがあります。それが「癌」です。暴走した細胞が、生命の設計図を無視してめちゃくちゃに増殖している危険な状態です。

これは、長く生きている間にＤＮＡが少しずつ変化して、変化が蓄積してしまったことがひとつの原因と考えられています。人間は大きな体をしているので、細胞の数が多大なため、それだけＤＮＡの複製や修復にミスをする回数が増えてしまいます。

毎日、何十億個の細胞でＤＮＡが変化していて、一生の間に、ＤＮＡに含まれる個々の遺伝情報はおよそ１００億回も変化します。時間が経てば経つほど、悪さをする細胞が生まれる可能性が高くなるのです。これらは細胞の能力の限界から来ることなので、避けられない変化です。

また、時間だけでなく、周囲の環境も問題になります。有害な放射線や有害物質などは、ＤＮＡを変化させるおそれがあるので、癌を引き起こす可能性があります。ウイルスや細菌、寄生虫なども悪さをすることがあります。

ＤＮＡの複製や修復は常に１００％完全に行なわれるわけではなく、このいい加減さが生命の進化の鍵になっています。しかし、DNA情報はある生命を、そのある生命として維持するために必要な情報なので、あまり変化しすぎると、その生命の維持にとっては危険なのです。

細胞の「死の呪縛《じゅばく》」によって支えられている生命

人間は子供のときの体は小さいですが、成長して大きな体を持つようになります。これは、もちろん細胞が分裂を繰り返して、たくさん増えたためです。このように細胞の分裂や増殖は、生命の身体が成長していくために必要です。

一方、成長期を過ぎて身長が伸びなくなり、体重もあまり変わらなくなったとしても、細胞の分裂や増殖が起こらなくなるわけではありません。なぜなら、ひとつひとつの細胞には寿命があり、それぞれの細胞は次から次に死んでいるため、新しい細胞を増やしていく必要があるためです。

たとえば、成人の骨髄《こつずい》や小腸では、1時間に約10億個、1日にして240億個もの細胞が死んでいるのです。この膨大な数は、地球上の人間の数のじつに4倍近いものです。細胞が次から次にたくさん死んでいるため、同じ数だけの新しい細胞を作らなければなりません。

細胞を新たに作るためにはエネルギーと材料が必要です。食べないことによる無理なダイエットが危険な理由のひとつは、生命体の細胞が常に死んでいるからなのです。

実は、細胞には、みずから死ぬようなプログラムが施《ほどこ》されています。

このようなプログラムされた死においては、たとえば、細胞が縮んで壊れはじめる一方で、細胞の表面が変化するなどして、みずから死んだことを周囲にアピールします。その細胞の中身が漏れ出る前に、周囲の細胞などがその細胞の死を察知して、その細胞を飲み込み、食べてしまうのです。非常に手際のよい手口であって、細胞が死んでいるにもかかわらず炎症などは起こりません。

一方で、けがなどによる細胞の「異常な」死は、細胞壊死《えし》と呼ばれ、さきほどのプログラムされた細胞の死のときとは異なります。細胞は膨張し破裂して、周囲に中身が散らばってしまい、炎症などが起こります。

さて、生命はたくさんの細胞から成り立っていますから、他の細胞との関係性が重要です。細胞と細胞の間では信号が送られていて、必要な細胞は生きて、不必要な細胞が死ぬようになっています。多くの細胞が、「生きろ」という信号を受け取らなければ、みずから死ぬことになっているのです。

たとえば、神経の細胞は、とりあえずたくさん作られるのですが、神経がつながる先は限られているので、使われない細胞が出てきます。そうした細胞に対しては、「生きろ」という信号が出されなくなるため、その「生きろ」信号を受け取れなかった神経はみずから死んでしまいます。その結果、神経の細胞の数はうまいこと調節されて、適切に神経がつながっているのです。

生命の身体の成長や維持は、生命の設計図によって、「この細胞はこれだけの数を作る」、というように、細胞の「生産」によって単純に決まっているわけではなく、細胞の死によっても調節されているのです。

細胞の死という仕組みは、異常な細胞が暴走しないようにするためにも重要です。細胞の中身のダメージがひどい場合、細胞がみずから死ぬことで新しい正常な細胞に取って代わられるからです。

細胞のＤＮＡが損傷した場合も、その修復がうまくいかなければ、その異常な細胞がみずから死ぬことによって、身体に異常をきたさないようにしています。しかし、それでも防げないと、前述のような癌細胞の暴走が引き起こされます。

癌細胞の増殖は、細胞の増殖と死の仕組みが暴走した結果、細胞が異常に増えすぎた状態といえます。

たとえば、白血病の一部では、細胞の死がコントロールできない状態になっています。通常は細胞の最大の分裂回数が決まっているにもかかわらず、無限に分裂できるような、異常な状態になっている細胞が出現しているのです。

身体の細胞の数が一定に保たれるためには、細胞の増殖と死が釣り合っていることが必要です。

生命は自らの身体を維持するために、その細胞に、必ず死ぬという「呪縛」をかけています。しかし、細胞の突然変異によって、そういった縛りが破られると、細胞の増殖と死の釣り合いが破られ、癌という人間の生命維持にとって危険な状態が引き起こされるのです。

なお、細胞の分裂する数と、細胞の死ぬ数とが釣り合う仕組みはまだよくわかっていません。この謎が解き明かされれば、生命についての理解はよりいっそう進むことになるでしょう。

「地球外の生命」も基本的な仕組みは同じ

以上のように、この章では地球上の生命のことについて簡単にご紹介いたしました。地球の生命の仕組みを理解することは、地球外の宇宙空間に存在する可能性のある生命についてのたくさんの示唆《しさ》が得られます。簡単にまとめてみましょう。

地球上の生命体というのは、無数の細胞が寄り集まってできていて、ある種のぎりぎりのバランスを保ちながら、ひとつの生命体として生きています。自然界では食物連鎖によってたくさんの生命体が維持されています。ひとつの生命体の中でも細胞の生と死が釣り合うことで、ひとつの生命体が維持されています。

また、大きな身体を維持するためには、たくさんの細胞で作られているほうが、ダメージを受けた個々の細胞を取り代えることで済むため、健康な身体を維持しやすいと考えられます。

生命体を構成している物質や生命のためのエネルギーは、なにもないところから取り出せるわけではありません。周囲の、生命体の外部の物質なりエネルギーを吸収しています。

そのため、自然界における物質やエネルギーの流れのバランスを大きく破ってしまうような生命体が誕生したとしても、遅かれ早かれ、食料やエネルギーが不足してしまい、存続できなくなるはずです。長い年月の中で、自然界において生き残ることができるのは、自然界における循環やバランスとうまく調和したものだけだったのでしょう。物質やエネルギーの循環という意味でも、自然界や生命というのはうまく仕組まれています。

また、生命の体は、周囲にある普通の物質を取り込んで、エネルギーや自分の体の材料に変えなければならないのですから、周囲の物質とかけ離れたような、特別な物質を使うことはできません。そのため、周囲からの影響、悪い影響を常に受ける可能性があります。

さらに、生命には進化という、環境の変化に対応できうる重要な能力があります。初期の地球と現在の地球では大きく環境が異なります。また、現在の地球上においても、さまざまな環境があります。たとえば深海や地下など、人間の生活環境とは大きく異なった環境があります。

環境が異なるというのは、暑い、寒い、明るい、暗い、そういった違いだけではありません。環境によって、豊富にある物質の種類が異なります。つまり、環境によって、生命体が取り込める物質もエネルギー源も異なりうるのです。

地球の生命の進化は、場所や時代による環境の変化に対応するためには不可欠でした。現在繁栄している生命は、現在の地球環境に適したタイプの生命が生き残り、繁栄しているだけにすぎないと思われます。

もう少しいえば、たとえば、初期の地球に豊富にあった物質は、現在とは多少異なっていたと考えられています。、もしかすると、大昔の生命は（その体の一部に）、現在の生命が使っていないような、似たような物質を代わりに使っていたかもしれません。

さて、地球の生命にとっては、タンパク質（アミノ酸）や水などが重要な物質でした。地球外生命の探査においては、まずは地球の生命と似たものを探すことが、手がかりがたくさんあるので重要になります。

一方で、地球外では地球とは大きく異なった環境もたくさんあります。そのため、地球外生命体は、地球の生命とは仕組みは似ているけれども、異なった物質を（生命体の大部分にわたって）代わりに使っているかもしれません。

もしかすると、その材料も仕組みも人類がまったく予想できないような地球外生命体もいるかもしれないのです。ただし、まったく予想できないものについては、手がかりがわからないわけですから、探すことが難しい面があります。いずれにせよ、その環境に適した生命でないと絶滅しているはずですから、その環境をよく調べることがまず重要です。

ところで、生命とは、地球上にせよ、地球外にせよ、物質の性質や反応の巧妙な組合わせから成り立っていなければなりません。物質の性質はその種類によりますし、温度が異なるなど、環境が違えば、その性質は変わってしまいます。

しかし、地球からたとえどれだけ離れていても、同じ環境、同じ物質が存在すれば、同じような性質や反応が起きてよいはずです。望遠鏡による宇宙の観測からは、地球上や、地球での実験室で確認されている物質の性質や反応などが実際に宇宙でも見られることがわかっています。こういったことは、宇宙空間における場所によらないだけではなく、過去・現在・未来という時間にもよらないはずです。

もし、地球以外に生命がいたとしても、その生命の仕組みは、基本的には（今は未知の領域かもしれませんが）、我々が理解している科学で説明ができるはずです。なぜなら、生命における物質やエネルギーといった科学的な理解は、その物質的な種類の違いなどはあったとしても、宇宙空間ではいつでもどこでも同じように起きている自然現象だからです。

物質の種類、物質のもとになっている元素の種類、働いている力の種類、身の回りで起きている現象の基本となっていることは、理解されつつあります。それらの基本的な現象は、たとえ地球から何万光年離れていようとも、地球での理解と同じように起きます。

そのような基本的な自然の原理を理解することで、さまざまな自然の現象を理解し、私たちの暮らしに役立つように応用することができるようになります。この点が、科学の大きな目標です。そういった科学のひとつの新しい分野が宇宙生物学なのです。

第4章

なぜ地球の生命はすべて「左手型アミノ酸」でできているのか

――生命の起源を探る

前章では地球の生命とはなにか、についてご紹介いたしました。生命を構成している「元素の種類そのもの」については、宇宙空間において、地球だけにあるような特別な物質の種類を使っているわけではありません。

しかし、地球上の生命が使っているアミノ酸は、序章でも触れたように、基本的に左手型という、地球生命に特有の性質があります。生命に特有の性質ゆえに、この性質をよく調べていくことで、生命の起源に迫れる期待があります。

ここではこの点について、前章との関わりから、もう少し踏み込んで説明します。

アミノ酸は「左手型」、糖は「右手型」

前述のとおり、タンパク質は、20種類のアミノ酸がたくさん連なったものです。かつ、そのアミノ酸の連なりが折りたたまれており、その折りたたまれた形状が、タンパク質の働きにとって重要です。タンパク質を構成しているアミノ酸の種類だけでなく、その形状がタンパク質の働きに大きく影響しているのです。

そして、生命に使用されているアミノ酸は、左手型アミノ酸です。左手型アミノ酸と右手型アミノ酸は、似てはいますがその形状は異なり、鏡に映したかのような関係にあります(図16)。

そのため、たとえば左手型アミノ酸ばかりが連なったタンパク質と、右手型アミノ酸ばかりが連なったタンパク質では形状が同じにはならないので、同じ働きをすることはできません。異なった別のタンパク質になってしまうのです。

また、左手型アミノ酸の連なりの中に、右手型アミノ酸が混入した場合も、左手型アミノ酸ばかりが連なった場合とはやはり形が異なってしまいますから、同じ働きはできません。それどころか、崩れてしまうおそれがあります。

アミノ酸の左手型・右手型の違いは、タンパク質のようにアミノ酸をたくさん連結していく場合にも、異なった形状をもたらしてしまうのです。タンパク質が、含まれているアミノ酸の違いだけでなく、立体的な形状の違いも利用しているために、アミノ酸そのものの立体的な形状、つまり左手型なのか右手型なのかがきわめて重要になっているのです。

一方、第3章で何度も出てきたように、生命体においては糖も重要な役割を果たしています。特に、糖はＤＮＡの材料にもなっています。糖にも、アミノ酸と同じように左手型、右手型があるのですが、生命における糖は、基本的に右手型が使われているのです。

生命のアミノ酸が基本的に左手型であったのとは逆で、生命の糖は基本的に右手型なのですが、この点も長年の謎とされています。

アミノ酸の場合と同様に、糖についても型の問題は生命にとって非常に重大です。特に、ＤＮＡは右手型の糖で作られていますが、ＤＮＡに左手型の糖が混入してしまうと、ＤＮＡが持つ生命の設計図が壊されてしまうおそれがあります。

右手型アミノ酸は老化や病気と関わっている？

序章でも述べたように、地球上の生命は、基本的に左手型アミノ酸からできています。

では、生命には右手型アミノ酸がまったく存在していないのかというと、そうではありま

図16　アミノ酸の連結と左手型・右手型のかかわり

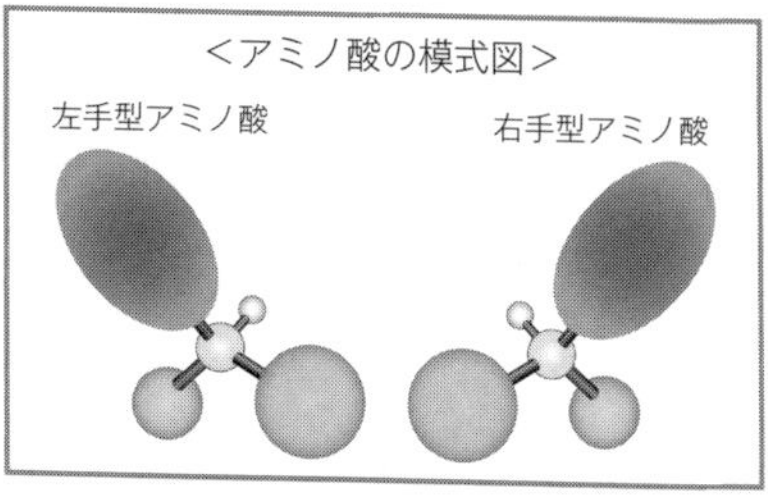

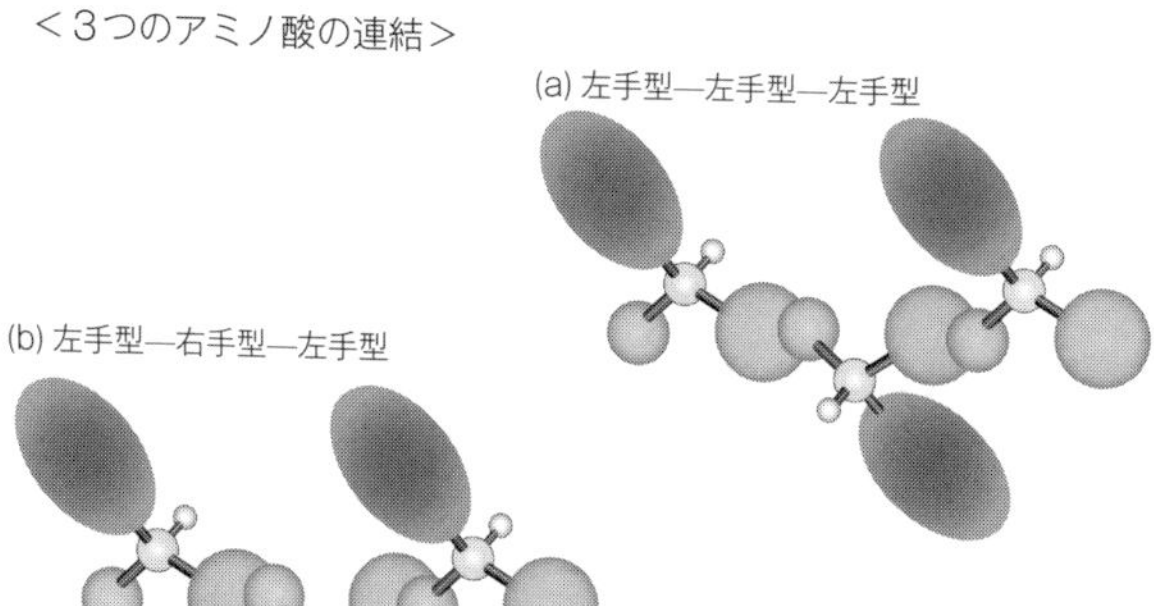

3つのアミノ酸が連結して、1つの物質を作っている様子を表現したもの。(a) はすべて左手型アミノ酸、(b) は真ん中が右手型アミノ酸になっている。

左手型アミノ酸と右手型アミノ酸は、互いに鏡に映したような関係にあり、よく似ている。しかし、アミノ酸が連結してタンパク質などの物質を作るときに、左手型の中に右手型が混ざると、異なる性質の物質になってしまう。

せん。以前は、例外的に一部の微生物にのみ右手型アミノ酸が存在するものと考えられていました。

しかし、特に1980年代以降、ほ乳類の脳内をはじめ、生体中でも右手型アミノ酸が見つかってきています。右手型アミノ酸も、左手型と比べてごく微量ではありますが、生命において一定の有用な役割を果たしているものもあると考えられていて、現在も研究が続いています。

ただし、これらの右手型アミノ酸はタンパク質を作っているアミノ酸ではありません。ばらばらの、単独で生体内に存在しているアミノ酸などです。アミノ酸がたくさん連なったタンパク質が生命において非常に重要ですが、アミノ酸単独でも、生体中で働くことがあります。

一方で、生命が生まれたときの生体中のタンパク質は、基本的には左手型アミノ酸ばかりが、たくさん連なってできています。右手型アミノ酸が混入することは、前述のとおりタンパク質の形を変えてしまうため、正常な働きをしなかったり、壊れてしまうおそれがあります。

しかしながら、実はタンパク質中においても、右手型アミノ酸が見つかることがあります。なぜでしょうか？

そもそも、時間が経つと、左手型アミノ酸が右手型アミノ酸に変化することがあります。また、生体が死亡すると、右手型アミノ酸が増えることが知られています。紫外線などによる劣化といえます。

こうしてできた右手型アミノ酸は、左手型とは異なった形をしているために、異なった働きをしてしまうおそれがあります。

では、「生きている」生命体のタンパク質中に右手型アミノ酸が増加した場合、生命に悪影響を及ぼすことはあるのでしょうか。実は、最近右手型アミノ酸が老化や病気にも関わっているのではないかという興味深い研究報告があります。

まず、老齢の人体から右手型アミノ酸が見つかっています。具体的には、皮膚、靭帯《じんたい》、骨、歯、大動脈、赤血球、肺、眼球の水晶体、そして脳などからです。

簡単にいえば、これらの部分は人体においてあまり「作り換えられない」ところです。たとえば成年になってからは、子供のころのように骨がどんどん伸びるといったことはありません。

一方で、さきほど述べたように、左手型アミノ酸が右手型アミノ酸に変化することがあるため、結果として、人体の古くなった部分に右手型アミノ酸が増えてしまうことが考えられます。

脳の組織もアミノ酸から成るタンパク質です。脳組織における右手型アミノ酸の存在と、アルツハイマーと呼ばれる脳の病気の関連性が指摘されています。また、眼球の水晶体もアミノ酸から成るタンパク質であり、右手型アミノ酸と、白内障と呼ばれる病気との関連性が指摘されています。同様に、動脈硬化との関連性も指摘されています。

いずれも人類にとって深刻な病気であり、特に年齢を重ねたときに発症することが多い病気です。長い年月の間に、右手型アミノ酸が増加して悪影響を及ぼしているのかもしれません。

また、太陽からの紫外線はアミノ酸を破壊したり、左手型アミノ酸を右手型アミノ酸に変化させたりする性質を持っています。幸い、地球には大気があり、宇宙からの紫外線はある程度遮られていますが、それでも生命に影響はあるのでしょうか。

人間の顔は、洋服では隠されていませんから、一生のうちで特に太陽光が当たる部分です。そこで、顔の皮膚について、9歳と86歳で比べたところ、86歳の方の皮膚のほうが明らかに右手型アミノ酸が多かったという報告があります。

一方、おしりの皮膚は洋服ではたいてい隠されていますから、一生を通して日光の影響が特に小さい場所です。そこで、86歳の方の顔の皮膚と、85歳の方のおしりの皮膚を比べたところ、顔の皮膚のほうが右手型アミノ酸が多かったという報告があります。

太陽の存在は地球上の生命にとって不可欠ですが、太陽光によって生体内のタンパク質中に右手型アミノ酸が作りだされるなどにより、老化現象にも関わっているように思われます。

時間が経つと、どうしても生体中には古くなってしまう部分が出てきます。地球の生命である限り、永遠の命はありえません。しかし、老化を遅らせることは、将来の科学によってできるかもしれません。

もちろん、老化現象は右手型アミノ酸だけが問題ではないでしょうし、さまざまな観点から今後の研究の進展が期待されます。

鏡の中の世界、右手型の生命

地球の生命は、細菌も、植物も、動物も、基本的に左手型アミノ酸からできており、また同じ20種類のアミノ酸しか使っていません。そのために、他の動物が別の動物なり植物なりを食べて取り込むことができるのです。

また、人間も細菌も同じタイプの生命ゆえに、人間が細菌による病気に感染したりします。同じタイプ、地球の生命だから可能なことなのです。そして、私たちが知っている生命はこのタイプだけです。

さて、地球の生命は左手型のアミノ酸ばかりを使用していますが、この広い宇宙において、右手型アミノ酸ばかりを使っているような生命がいたとしても、材料の観点からいえば、特に不思議ではありません。

左手型と右手型がタンパク質の中で混入するとタンパク質がうまくできないのですが、左手型か右手型のどちらかだけを使えば、似たような生命の仕組みは作れる可能性があります。タンパク質は、その形状を利用しているので、右手型アミノ酸ばかりから成るタンパク質の形状に対応した仕組みができてしまえばよいのです。

地球の生命と材料は同じで、その形が鏡に映したかのような材料でできた生命の世界があっても不思議ではありません。

ところで、もし、人類が宇宙人と出会ったとしても、こういった事情から、地球の生命が、別の星の宇宙人の食べ物を食べることは慎重にならなければなりません。

SFなどで、他の星の食べ物を別の星の人間が食べたりすることがありますが、見た目はおいしそうでも、右手型アミノ酸からできているような肉なり野菜なりがその食べ物に含まれているかもしれないからです。

自然では、左手型と右手型の両方が生まれてしまう

地球の生命は、左手型アミノ酸から成り立っているのですから、どこかの段階でこのような性質を獲得しなければなりません。

第2章において、地球が誕生したころは、地球はどろどろに溶けていたことをご紹介しました。このような高温の環境では、たとえアミノ酸がすでに存在していたとしても、破壊されてしまいます。

そのため、生命の誕生のためには、地球が誕生してからしばらくして、地球がある程度冷えたあたりから、アミノ酸を地球上で作りだすか、もしくは、地球外からアミノ酸を持ち込む必要があります。

さて、前者のアミノ酸が地球上で生成される場合ですが、アミノ酸を作りだすためには材料が必要です。自然に存在している物質を材料として使うことになりますが、そのような物

質の多くは「安定して」存在しています。

たとえば、みなさんの身の回りの物体が、突然、勝手に別のものへ変化するようなことはないでしょう。自然界で「安定した状態」で存在している物質を別の物質へ変化させるには、なんらかのエネルギーを与えなければなりません。初期の地球でアミノ酸を合成するためには、物質と物質を、無理やりにくっつけるためのエネルギーが必要となります。

地球初期に、アミノ酸を作るために必要な物質は十分にあったのか、また、そのためのエネルギーはなんだったのかという観点から多くの研究が進められてきています。

たとえば、地球の初期の大気に含まれている物質をアミノ酸の材料として考えて、大気中で発生した雷のエネルギーを利用してアミノ酸を作りだすことが提案されています。あるいは、海底の火山から噴出する物質を材料として、火山からの熱のエネルギーを使ってアミノ酸を作ることも考えられています。

その他のアミノ酸を作りだす方法も、基本的にはアミノ酸の材料を自然界のどこから持ってくるか、アミノ酸の合成のためのエネルギーは、どの自然現象を用いるか、という観点で調べられています。

初期の地球の詳しい状態はいまだはっきりしていないので、材料となる物質やエネルギーとなる自然現象の有無には議論がありますが、アミノ酸そのものを作ることは可能かもしれません。

しかしながら、このような自然現象からアミノ酸を作りだしても、左手型と右手型のアミノ酸が、ほぼ同じ量できてしまうことがわかっています。

これは、現在の地球上の生命のように左手型アミノ酸ばかりを使っている状態とはかけ離れたものです。生命が左手型アミノ酸ばかりから成り立っているという事実は、それくらい「異常」なことなのです。

それでは、どのようにして左手型アミノ酸ばかり、そして右手型の糖ばかりを使う生命が誕生したのでしょうか。

このような物質の特殊な性質に踏み込むためには、近年の高精度な実験や解析が必要でした。そして、宇宙空間を漂ってきた地球と生命の歴史を考える上で、宇宙空間における現象を考えることが不可欠になっています。

アミノ酸を「左手型」に偏《かたよ》らせる特殊な光——円偏光《えんへんこう》

宇宙空間には、アミノ酸の材料になりそうな物質（水や二酸化炭素、アンモニアなど）はいろいろなところで見つかっています。材料は豊富にあるということです。

実際に、宇宙環境に似せた実験室で宇宙空間にある物質を準備して、紫外線を照射すると、アミノ酸が作りだされます。アミノ酸そのものは、宇宙空間でも自然にできることはありそうです。

しかしながら、やはり通常の合成では、左手型と右手型アミノ酸がほぼ等量作られてしまいます。宇宙空間において、アミノ酸を左手型・右手型のどちらかに偏らせることは、可能なのでしょうか。

実は、そのような特殊な効果をもたらす「光」があります。それが「円偏光」という特殊な光です。

円偏光の説明の前に、まず普通の光のことを思い起こしてみましょう。光とは、物理学的には「電磁波」のことです。電磁波とは、電気と磁気がからみ合った波のことです。電気と磁気の振動が次々に空間を伝わっていきます。

ところで、「音波」とは空気の振動が伝わっていく波であり、空気の振動を耳の鼓膜《こまく》が感じることで、私たちは他人の声なり音楽なりが聞こえます。音波は空気の振動なので、宇宙空間のような真空中においては、空気がないので音波が発生せず、音は聞こえません。

一方、電気や磁気というものは、真空中でも伝わることができます。つまり、電磁波は真空中を進むことができるのです。そのために、はるか宇宙の彼方にある星からの光が地球まで届いています。

さて、波の振動の仕方については、いろいろなパターンが考えられます。

たとえば、サッカーの試合などでは、観客が横一列に並んで、順番に立ち上がったり座ったりして、大きなウェーブ（波）の動きをします。海の波も、これと似たようなものです。また、新体操のリボンにおいては、リボンを握った手を上下に動かすことで、リボンが縦方向にぐにゃぐにゃと振動しているのが見えます。

電磁波についても、このような振動をすることがあります。このような電磁波は、特に「直線偏光」と呼ばれます（図17）。小学校などの実験で、偏光フィルターというのが使われたかもしれませんが、たいていは直線偏光フィルターのことです。

また、一部のサングラスには偏光フィルターが組み込まれていて、周囲で反射された光が目に入ってくるのを軽減するように働いています。これは、反射された光の一部は、しばしば直線偏光になっているため、直線偏光フィルターをサングラスに組み込むことで、反射された（直線偏光になっている）光が目に入ってくるのを遮っているのです。

さて、波の振動のパターンには、もうひとつ顕著なものがあります。

新体操のリボン競技を想像していただきたいのですが、選手がリボンを握った腕をぐるぐると円を描きながらまわすことで、リボンはぐるぐると円を描きながら進んでいるように見えます。

電磁波もこのような振動をすることがありますが、そのような電磁波が、「円偏光」と呼ばれます（図17）。回転の方向として、右回転、左回転の二種類がありますから、円偏光も、右円偏光、左円偏光の二種類に分けられます。

さきほどご紹介した直線偏光は、サングラスの例からも示唆されるように、反射された光など、地球上において多くの場所で発生しています。宇宙空間でもやはり同様に、実際に多くの場所で直線偏光は観測されています。星からの光が星雲に当たって反射される際などに直線偏光が発生しています。

一方、円偏光は特殊なものといえます。まず、円偏光は直線偏光のように発生しやすいものではありません。特に、ある程度強い円偏光を発生させるには、特殊な状態を考える必要があります。

また、右回転と左回転の円偏光が混ざってしまうと、打ち消し合ってしまいます。自然界

図17　直線偏光と円偏光

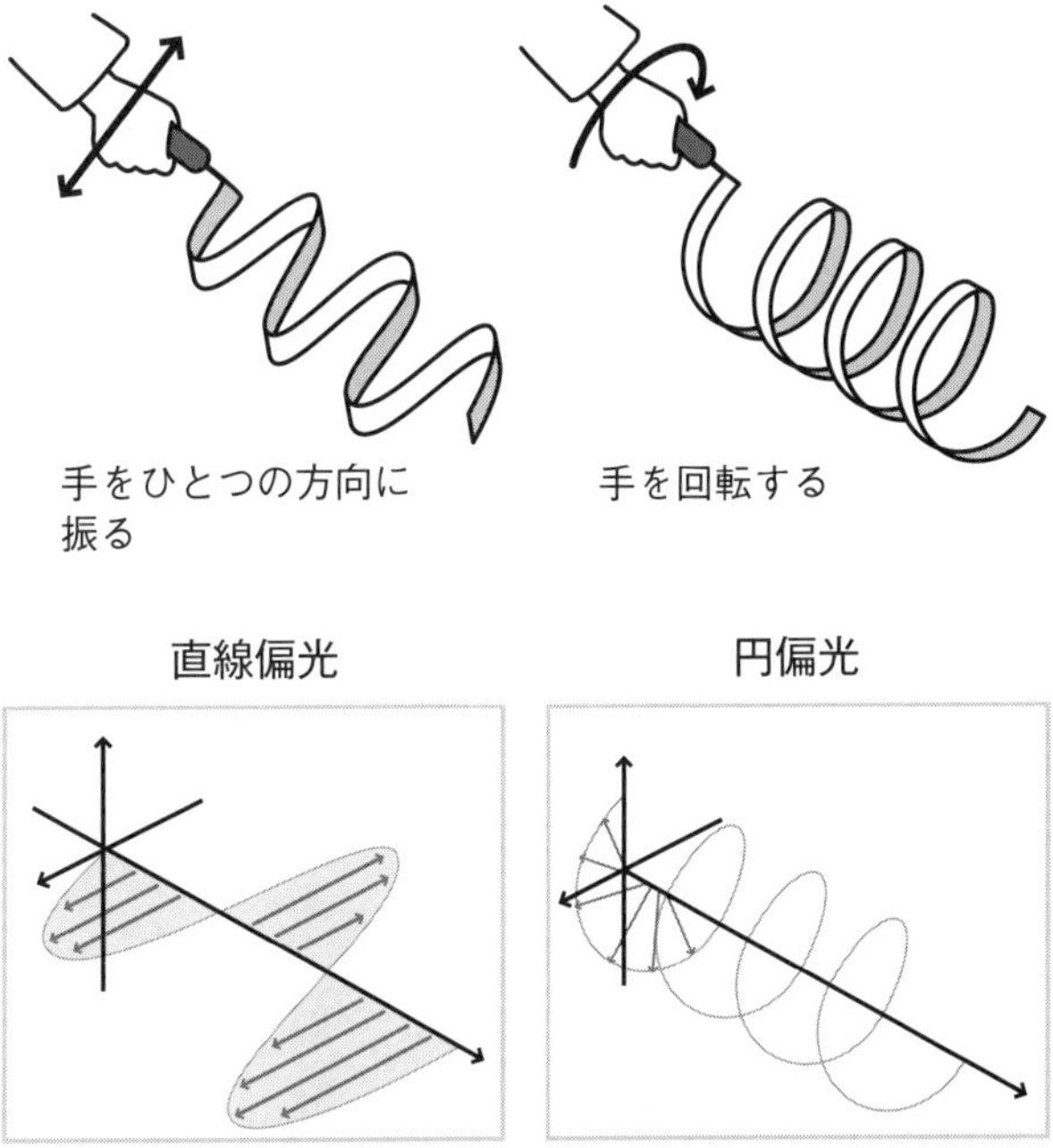

「偏光」とは、光の波が特定の方向にのみ振動する特殊な光のこと。図の薄い矢印が、光の波の振動方向を表わす。直線偏光は、一つの方向（縦・横・ななめなど。図は横方向の例）に振動する波である。円偏光は、光が進むにしたがって、振動の方向が円を描くように変化していく。新体操のリボン競技をイメージするとわかりやすい。

においては、顕著な円偏光は特殊な状況でしか発生せず、どこにでもあるというわけではありません。

なお、電磁波の振動が特定の振動になっておらず、無秩序になっていることがあります。このような電磁波は、直線偏光でも円偏光でもありません。たとえば、星から放射される光も、概してこうした状態になっていることが多いです。このような偏光がまったくない光も存在しています。

以上のように、直線偏光や円偏光の違いは、電磁波の振動のパターンの違いによるものです。

さて、こういった円偏光を、アミノ酸、もしくはアミノ酸のもとになる物質に照射すると、特殊な変化が引き起こされることが実験からわかっています。

まず、左手型アミノ酸と右手型アミノ酸の間で、右円偏光と左円偏光の吸収の仕方が異なっているという興味深い性質があります。

たとえば、偏光がない紫外線をたくさんのアミノ酸に照射すると、そのアミノ酸の中の左手型も右手型も同じ量だけ破壊されます。一方で、円偏光の紫外線を照射すると、その回転方向によって、左手型のアミノ酸のほうがたくさん破壊されたり、右手型のアミノ酸のほう

図18　電磁波の種類

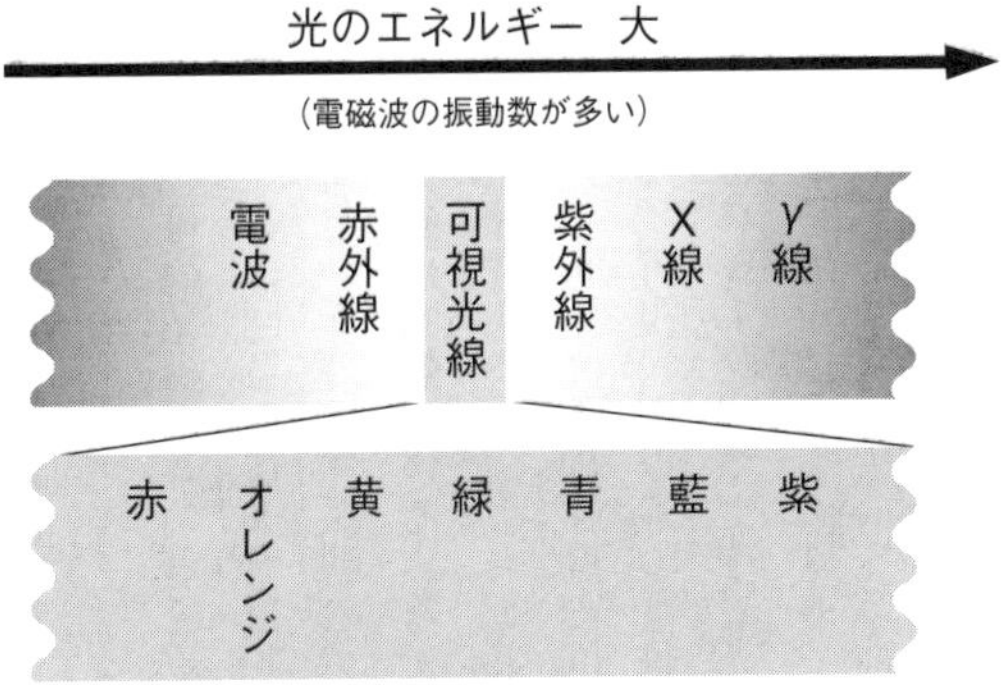

さまざまな電磁波を光のエネルギー順に並べたもの。
人間はごく一部の電磁波しか肉眼で見えない。
これを可視光線とよぶ。

がたくさん破壊されたりするのです。

この性質から、ある特定の回転方向の円偏光ばかりが照射されれば、その回転方向によって、アミノ酸が左手型に偏ったり、もしくは右手型に偏ったりすることが実験からわかっています。

ところで、さきほど電磁波についてご紹介いたしましたが、ここで簡単に補足しておきます。私たちの目に見える光である可視光線をはじめ、紫外線、赤外線、電波なども、すべて電磁波の一種です。これらの違いを図18にまとめました。

電磁波は波ですから振動しているわけですが、実は、電磁波の一分間あたりの振動の回数の違いが、紫外線、可視光線、赤外線、電波などの違いとして表われているにすぎません。人間の目では、電磁波の一分間あたりの振動の回数が、ある一定の回数の範囲のものしか見ることができないのです。これが可視光線と呼ばれています。

実際には、可視光線以外の電磁波も、私たちの周囲にたくさんあります。宇宙空間にも、いろいろな振動の回数を持った電磁波が飛び交っているのです。

なお、偏光というのは、振動のパターン、つまり直線的であったり円的であったりの違いです。その振動の回数はいろいろあってよいので、たとえば紫外線の偏光もあれば、赤外線の偏光もあります。

人間の目は、可視光線の振動の回数の違い、つまり可視光線の色を識別することぐらいしかできません。可視光線以外の電磁波、つまり紫外線や赤外線などは見えません。また、電磁波の振動のパターン、つまり偏光も判別できません。直線偏光も円偏光も、偏光していない光も、基本的に同じように見えてしまいます。

アミノ酸の種となる「前駆体《ぜんくたい》」の役割

もうひとつの円偏光が関わる重要な事実として、アミノ酸の「前駆体」への影響が挙げられます。アミノ酸の前駆体とは、アミノ酸のもとになる、「種」のような物質のことです。この前駆体を水の中に放り込めば、アミノ酸になります。

宇宙空間に漂っているガスから、アミノ酸の前駆体を含んでいる混合物を作ることができます。このような混合物に円偏光が照射されると、アミノ酸の前駆体に円偏光の影響が残ります。そのような前駆体が水の中に放り込まれることで生みだされたアミノ酸は、左手型もしくは右手型に偏っていることが実験で確かめられているのです。左手型か右手型のどちらに偏るかは、照射された円偏光の回転方向によっています。

アミノ酸の前駆体を考えることは重要な点です。

まず、アミノ酸や、アミノ酸の前駆体の、宇宙における発見状況についてお話しします。太陽系内においては、アミノ酸そのものが彗星や隕石などから実際に見つかっています。しかしながら、太陽系の外においては、宇宙空間でアミノ酸そのものが見つかった、という確固とした定説は、２０１０年現在のところ、実はまだないのです。

これまで、太陽系の外の宇宙空間にアミノ酸そのものを発見した、という研究報告が何件もありますが、その発見は見間違いではないのか、といった反対論文も提出されるなど、研究者の間でも意見が分かれています。

一方で、アミノ酸の前駆体については、太陽系の外でも、宇宙空間において確認されはじめています。そのため、アミノ酸そのものよりも、アミノ酸の前駆体を想定するほうが、今のところ現実的です。

さらに、アミノ酸もしくは前駆体が宇宙で作られるのであれば、地球に届くまでの間、宇宙空間を長い間漂っていることになります。宇宙空間での過酷な長い旅の間には、宇宙放射線や熱などの悪影響を受けるおそれが常にあります。アミノ酸もしくは前駆体が、地球に届くまでに壊れてしまうようではいけません。

この点についても、アミノ酸そのものよりも、アミノ酸の前駆体のほうが、耐久性が高く生き残りやすいという実験報告があります。地球に届くまで生き残っていなければならない点についても、アミノ酸の前駆体のほうが有利です。

また、円偏光によりアミノ酸の型の偏りを生みだす点についても、アミノ酸と前駆体とでは効率の面で差ができる可能性があります。

円偏光の照射により、右手型アミノ酸を破壊して左手型アミノ酸の割合を増やす場合には、右手型ほどではなくとも左手型アミノ酸も壊れてしまう可能性があるため、一部のアミノ酸が無駄になってしまうおそれがあります。

一方で、アミノ酸の前駆体に円偏光の影響を与える場合は、そのような破壊による方法ではないので、効率が比較的よい可能性があります。

アミノ酸、もしくはアミノ酸の前駆体のどちらかが、最初の生命の誕生に大きな役割を果たしたと考えられますが、おそらく前駆体のほうが、今のところ有力であろうかと考えています。

左手型の自己増殖

円偏光によってアミノ酸の左手型への偏りが作られることをご紹介しましたが、実験によると、この偏りはあまり大きなものにはならないことが知られています。

実験によっても異なりますが、左手型への偏りは、大きいものでもせいぜい数十%、小さいものだと1%程度やそれ以下という結果もあります。

これらの数字は、生命が左手型アミノ酸ばかりを使っていることからすると、小さいのではないかと思われるかもしれません。たしかに、円偏光の照射だけで、アミノ酸すべてを左手型に変えるようなことは、現在のところ実現していません。

しかしながら、アミノ酸の左手型への偏りが少量でも存在することこそが、その後の左手型ばかりの生命への進化にたいへん重要であると考えられています。なぜなら、ある方法によって、左手型もしくは右手型のどちらか（わずかにでも）多いほうが勝手に増殖していくことが、実験からわかっているからです。

左手型もしくは右手型の増殖の仕方は複数明らかになっておりますが、ここではわかりやすいものとして、「触媒《しょくばい》」による例をご紹介します。

触媒とは、化学反応を速める物質のことです。触媒があると、ある物質と物質がくっつきやすくなり、別の物質がどんどん生みだされるといったことに役立ちます。このように、触媒はたいへん便利なものなので、家電などにも使われるようになっているのです。

さて、その触媒にはたくさんの種類があります。それらの中には、左手型ばかり、もしくは右手型ばかりをどんどん生みだすような触媒もあるのです。

ただし、「普通の」触媒は、使っているとだんだん劣化してへたってしまうので、やがて使えなくなります。そのため、普通の触媒では、左手型もしくは右手型の増殖に限界があります。

ところが、非常に興味深い現象なのですが、生みだされた左手型そのものが、左手型をどんどん生みだす触媒そのものになる場合があるのです。つまり、自らが触媒となって、自ら

図19　物質の自己増殖のしくみ

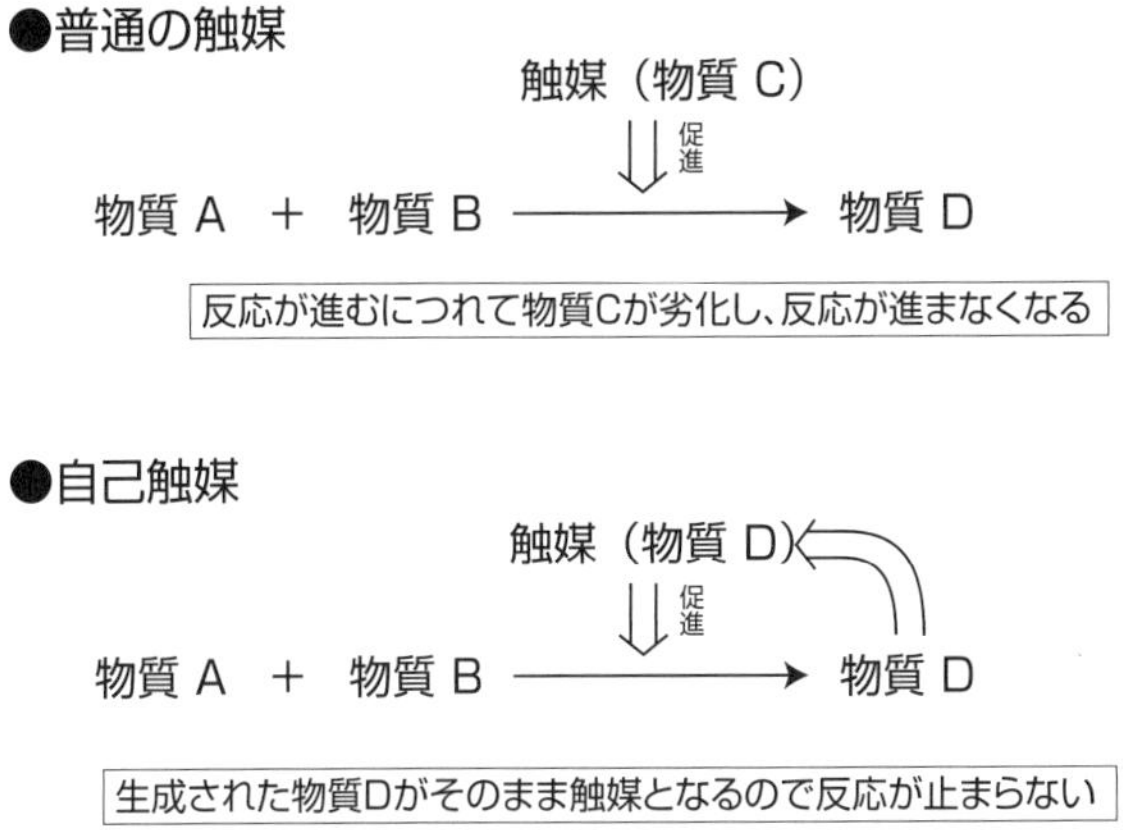

をどんどん作りだしていく、「自己増殖」が起こるのです（図19）。

　自らが触媒となるのですから、普通の触媒のように劣化してへたるようなことはありません。それどころか、触媒となる自分自身がどんどん作られるということは、触媒がどんどん増えるのですから、左手型ばかりがどんどん勝手に増殖してしまうのです。あたかも生命であるかのように。

　実際に、左手型も右手型もほぼ同じくらいあり、わずかに左手型のほうが多いような状態から、自己増殖によって、ほぼ１００％が左手型になるという実験結果がたくさん報告されています。最初の、アミノ酸の左手型への小さな偏りが、生命のように左手型アミノ酸ばかりの状態へ、勝手に増殖することが考えられるのです。

さらに、アミノ酸の左手型への偏りが持ち込まれれば、右手型の糖が増殖するという実験報告も複数あります。

以上のように、アミノ酸の左手型への小さな偏りが持ち込まれると、その後の増殖によって、基本的に左手型アミノ酸ばかり、右手型の糖ばかりでできているという、生命の不思議な特徴につながると考えられます。

隕石から見つかったアミノ酸の左手型への偏り

さて、宇宙空間のアミノ酸もしくはアミノ酸の前駆体が、生命の左手型アミノ酸への偏りをもたらすとするならば、それはどのように地球へ持ち込まれたと考えればよいでしょうか。

まず、地球の誕生当初は、第2章でもご紹介したように、地球全体がどろどろに溶けているような高温の環境のため、アミノ酸などの物質は破壊されてしまいます。そこで、地球がある程度冷えるまで待つ必要があります。

また、左手型アミノ酸への偏りをもたらす物質を地球に持ち込む量が少なすぎても、有効に働かないかもしれません。おそらくある程度、まとまった量を持ち込んだほうが、生命の誕生にとって有利でしょう。

お気づきの方もいらっしゃるかもしれませんが、この点についても、太陽系の形成に伴う有望な現象があるのです。それが、やはり第2章でご紹介した隕石の大量爆撃です。

およそ40億年前、地球が誕生してからおよそ6億年後、そして見つかっている最古の生命が存在していた直前の時期に、隕石落下が激しくなった時期がありました。この時期に、隕石中のアミノ酸、もしくはアミノ酸の前駆体が、たくさんの隕石と共に地球に持ち込まれ、左手型アミノ酸を用いる生命が生まれたと考えることができるのです。

実際に、隕石中のアミノ酸の左手型への偏りも確認されています。地球に落下した隕石が回収され、その隕石中のアミノ酸の型が調べられたところ、地球の生命と同じく、左手型アミノ酸のほうが多いという研究報告が、１９９０年代末ごろから何件もなされるようになりました。

このような発見の意義は、隕石中にアミノ酸の型の偏りがたしかに存在している、ということを確認しただけにとどまりません。

隕石中に含まれるアミノ酸の型に偏りがあったとしても、大気圏に隕石が突入して加熱されたり、地球上に落下したりする際に、隕石がダメージを受けて、その偏りが破壊される可能性がありました。

しかしながら、実際に地球上へ落ちた隕石を調べることで、隕石内部のアミノ酸の型の偏りが破壊されることなく、確実に地球上へ届くということもわかったのです。

隕石中で見つかったアミノ酸の左手型への偏りは、数％程度から10％程度と幅がありますが、生命における、ほぼ１００％の偏りと比べて大きくはありません。円偏光で作ることができる偏りも大きくはないので、この点については合点がいきます。

おそらく、大量の隕石の爆撃と共に、地球に持ち込まれたアミノ酸の左手型への偏りをもとにして、前述のような自己増殖によって、左手型アミノ酸が増殖していったのでしょう。そして、左手型アミノ酸ばかりを用いる生命が誕生したのだろうと考えられるのです。

左手型・右手型アミノ酸と私たちの生活とのつながり

これまで紹介してきたように、近年、アミノ酸の左手型や右手型の性質の理解、どちらかの型だけを増殖させる仕組みの理解が進んできています。これは、科学的な面からの要請だけではなく、産業的な面で非常に重要であるからです。

たとえば、ある種の物質は、左手型・右手型によって、人間に対する効果が変わってしまいます。特に、片方の型は薬に、もう片方の型は毒になってしまうようなことが実際にあります。

そういった物質を通常の方法で合成して作りだすと、左手型も右手型もできてしまうので、結果として毒が混入することになってしまい、深刻な健康問題を引き起こすおそれがあるのです。

左手型か右手型かによって、人間に対する働きが異なることがあるのですから、人間にとって有用な型のみを取り出し、人間にとって有害な型は取り除くことが必要です。かつ、必要な量を十分作りだすためには、人間にとって有用な型のみをたくさん作りだせることが、より望ましいでしょう。

このような背景から、左手型や右手型を選択する方法、片方の型だけを増殖させる仕組みや、そのための効率的な方法が調べられてきました。

私たちの健康にとって有用なこととは、「自然界における生命としての」人間にとって有用なことです。そのためには、生命としての人間の仕組みをよく理解する必要があります。

そういった問題を考えていくと、地球の生命そのものの仕組み、そして地球の生命の起源の問題を避けて通ることができなくなります。

なお、生命についての、私たちの現在の学問が「本当に」正しいのであれば、それまでとは環境が異なった場所で起きた自然現象についても、それまでの学問の応用で、その仕組みを説明することができなければなりません。

もし、環境が変わってしまったら、それまでの学問が通用しなくなるのであれば、それまでの学問は完全なものではない、ということになります。どこかに重大な見落としをしているということになるのです。こういった見落としを解決することは、学問の飛躍的な発展につながりえます。宇宙生物学は、そのような突破口をもたらすかもしれません。

星の赤ちゃんの揺りかご、オリオン大星雲

前述のように、特殊な光である円偏光によって、アミノ酸（もしくはアミノ酸の種である前駆体）の型に偏りができること、そしてそれらが宇宙から隕石によってもたらされた可能性が高いことがわかりました。では、そもそも宇宙空間において円偏光は実際に存在しているのでしょうか。

オリオン大星雲という、オリオン座にある巨大な星雲があります（図20）。この星雲にお

図20　オリオン大星雲

提供　国立天文台

すばる望遠鏡で撮影したオリオン大星雲の中心部。赤外線モードによって雲の内部が見えている。

いては、太陽よりも何十倍も重い星ができていると考えられています。さらに、何百個もの、太陽と似たような星などが生まれているところです。

オリオン大星雲は、生まれた星たちが、周囲の雲を照らしだしているため、星雲全体が輝いているように見えます。ひとつの星雲においてひとつの星が生まれるとは限らず、むしろオリオン大星雲のように、たくさんの星がひとつの大きな星雲から、兄弟姉妹のようにして生まれることが多いのです。

オリオン大星雲は、地球からおよそ１５００光年ほど離れています。遠いように思われるかもしれませんが、他の星雲と比べて比較的地球から近いため、良いデータが得られやすい傾向があります。そのため、歴史的に調査が進められてきており、筆者もオリオン大星雲の研究を進めてきました。

オリオン大星雲で発見された巨大な円偏光

筆者は、研究チームと協力して、南アフリカにある「ＩＲＳＦ望遠鏡」と呼ばれる望遠鏡で、宇宙の円偏光を探し求めて巨大なオリオン大星雲の中心部を観測しました。この望遠鏡は、ハワイにある「すばる望遠鏡」と同じく高地に設置されており、標高約１７００メートルの高台にあります。

星のまたたきは、観賞するぶんにはきれいですが、星を観測のために写真撮影する際には問題になります。星がまたたくということは、写真を撮ると「ぶれ」てしまうからです。星のまたたきや、きらめきは、空気がゆらゆらとしていることが原因です。特に空気中に含まれる水蒸気がゆらゆらとするのが大きな問題のひとつです。

IRSF望遠鏡がある場所は、砂漠地帯のため水蒸気が少なく、また、宇宙に近い高地ということで、精度の高い観測に適しています。

ただし、いくら高地にある高性能の望遠鏡であっても、肉眼と同様に、そのままでは円偏光を観測することはできません。IRSF望遠鏡に、新しく開発された最新の装置を組み込むことで、筆者らは、特殊な光である円偏光を観測することに成功しました。

肉眼でも、偏光フィルターなどが使われたサングラスをかければ偏光を見いだすことができますが、この特殊なサングラスともいうべき道具を望遠鏡に装着したと考えていただければわかりやすいかもしれません。

実際に筆者らがオリオン大星雲の円偏光を観測したところ、モニター画面に広がる円偏光に驚かされることになりました。オリオン大星雲の中心部に、太陽系の大きさの400倍以上にまでわたって、円偏光が広がっていることが発見されたのです（図21）。この研究成果は2010年4月にプレスリリースされたものです。

オリオン大星雲の中心部では、その星雲の奥深くで、太陽よりもずっと重たい星が生まれつつあります。このような重たい星が生まれている場所付近に、巨大な円偏光が広がっていたのです。その場所から離れると、円偏光は見つかりませんでした。どうやら、重たい星が生まれている場所で巨大な円偏光が発生しているようです。

このような巨大な円偏光が見つかった場所では、太陽と似た星もたくさん生まれています。そういった星の中には、原始の太陽系と似たような若い星もあるだろうと予想されます。つまり、こういった星たちの周囲の物質は、円偏光にさらされて、アミノ酸の型が偏っている可能性があるのです。

さらに、オリオン大星雲の中心部に発見された巨大な円偏光には、右円偏光が広がっている領域も、左円偏光が広がっている領域も、両方あったのです。右円偏光の領域と左円偏光の領域は、それぞれ二つずつ見つかりました。そして、若い重たい星周囲を取り巻くように、交互に分布していました。

原始太陽系のような若い星（とその周囲を取り巻いている物質）が、そのような左もしくは

図21　オリオン大星雲で発見された円偏光

（提供　国立天文台）

上図：オリオン大星雲の巨大な円偏光の様子

IRSF望遠鏡により撮影。左右に延びている雲のような部分は左円偏光が広がった領域。一方、上下に延びている部分は右円偏光が広がった領域である。

下図：円偏光に原始の太陽系が飲み込まれている想像図

星雲の中で、太陽よりも重たい星が生まれつつある領域の周辺に円偏光が広がっている。この円偏光に原始の太陽系はさらされたため、左手型アミノ酸への偏りが生まれたと考えられる。

右円偏光が広がった領域にたまたま浮遊していた場合、その場所の円偏光の回転の向きによって、左手型アミノ酸に偏ったり、右手型アミノ酸に偏ったりしていると考えられるのです。

このように、宇宙には左手型に偏る場所と、右手型に偏る場所があるのかもしれません。円偏光により生みだされた型の偏りが源となって、左手型に偏る場所では左手型が、右手型に偏った場所では右手型が増殖する可能性があります。若い重たい星周囲に広がる円偏光によって、左手型の世界と、右手型の世界に分断されたとしたら、たいへん興味深いことです。

私たち地球の生命は左手型アミノ酸の生命ですが、この宇宙のどこかには、左手型アミノ酸の生命もいるかもしれませんし、右手型アミノ酸の生命もいるのかもしれません。今後、調べていかなければならない点のひとつです。

私たちの太陽系とオリオン大星雲の共通点

このように、オリオン大星雲には巨大な円偏光が広がっており、そこで生まれている太陽に似た星たちは、その円偏光にさらされていることがわかりました。このような状況は、実は私たちの住む太陽系も過去に経験していた可能性があります。

　といいますのも、隕石の中に残されていた物質から、地球の近くで過去に超新星爆発が起こっていたことがわかっています。超新星爆発というのは、宇宙で起こっている特に激しい爆発のひとつで、太陽よりもずっと重たい星が、その星の寿命を迎える最後に、星そのものが爆発するという激しい現象です。

　爆発の際に、その重たい星の中身が宇宙空間に飛び散るため、地球に落ちた隕石の中にその痕跡が残されていました。超新星爆発があったということは、過去、地球の近くに太陽よりもずっと重たい星が存在していたということを示しています。

　なお、原始太陽系の近くで超新星爆発が起こったとしても、原始太陽系は吹き飛ばされないことが、コンピューターシミュレーションからわかっています。意外かもしれませんが、原始太陽系はそれぐらい「丈夫」なのです。

　これらのことから、太陽系もオリオン大星雲の星たちと同じように、オリオン大星雲のような、重たい星が生まれている星雲の中で、他のたくさんの星たちと共に、生まれてきたと考えられています。そうであれば、おそらく、オリオン大星雲で見つかったような、若い重たい星周囲の円偏光に、原始の太陽系がさらされたのではないかと考えられます。

つまり、こういった円偏光のために、地球の左手型アミノ酸による生命が生まれてきたのではないかと考えることができるのです。原始の太陽系が円偏光にさらされて、周辺の物質にアミノ酸の左手型への偏りが作りだされ、隕石のもとになる物体などに左手型への偏りが残されたのでしょう。

その後、初期の地球がある程度冷えたところで、大量の隕石の地球への落下と共に、その左手型への偏りが地球へ持ち込まれて、左手型のアミノ酸が増殖し、のちの生命へつながったと考えられます。そして、こういったことは、地球以外の場所でも起こっているのかもしれません。

なお、オリオン大星雲というのは、星雲が星を生みだしはじめてから、せいぜい１００万年ぐらいしか経っていません。それぐらいの期間であれば、まだ星雲の「雲」は残っています。

一方、太陽や地球は、生まれてからすでに約46億年も経ってしまっています。そのため、過去に太陽系を生みだした星雲は、太陽からの風や光などで吹き飛ばされてしまうなどして、すでになくなっています。

また、46億年もの長い間、太陽系は宇宙空間を移動しつづけてきました。太陽系と共に同じ星雲で生まれたはずの星たち、つまり太陽の兄弟姉妹の星たちも、宇宙空間を移動しつづけています。そのため、私たちの太陽系は、太陽の兄弟姉妹の星たちとは、すでにはぐれてしまったことが考えられます。

もしかすると、そのはぐれてしまった星たちにも、地球のような惑星があって、太陽系と同じようなことが起きている可能性は十分にあるでしょう。もしかすると、私たち地球の生命の兄弟姉妹にあたるような生命が、この宇宙のどこかにいるのかもしれません。

円偏光は「塵」から生まれる

円偏光が宇宙空間にもあることはわかりましたが、では、円偏光という特殊な光は、どのようにして宇宙空間において発生するのでしょうか。そのためには、やはり特殊な状況が必要です。

実は、星が生まれる星雲は、星雲そのものが巨大な磁石のようなものなのです（雲の中に含まれる荷電《かでん》粒子が動きまわるために、いわゆる電磁石になっています）。星雲全体にわたって、磁気の力が広がっているのです。

一方、星雲中には、たくさんの塵が浮遊しています。これらの塵は、星雲の巨大な磁気の力などに従って、ずらっと整列していると考えられています（ただし、整列といっても、多少のぐらつきはあります）。

学校での実験などでご覧になったこともあるかと思いますが、棒磁石の周りに、砂鉄を振りまいた実験のことを思い出してみてください。棒磁石の周囲に取り巻く磁気の力によって、棒磁石のN極とS極を取り巻くように砂鉄が整列します。

これと似たようなことで、星雲においても塵が整列しているのです。星雲と同じぐらいの範囲で塵が整列している可能性があります。たとえば、太陽系の大きさのおよそ千倍以上にもわたって塵が整列している可能性があるのです。

このように整列した塵の中を光が透過する場合には、その光に対して特殊な影響が及ぼされることがあります。

塵が特に整列することもなく、乱雑に浮遊しているような場所を光が透過する際には、光は吸収されるなどして単純に暗くなるだけです。一方で、塵が磁気の力に従って整列しているような場所を光が透過する際は、事情が異なります。

磁気の力には、特定の方向があります。たとえば、棒磁石の周囲で整列した砂鉄は、磁気の力の方向に沿って整列しているように見えます。星雲においても、磁気の方向に従って塵

図22　円偏光を発生させるのは塵

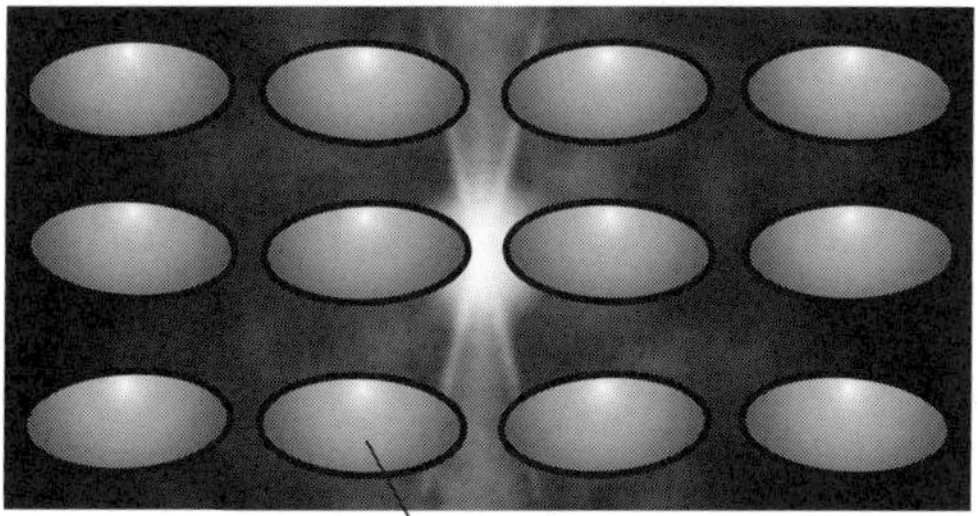

星雲の中で、円盤のような平たい塵が、磁気の影響によって図のように整列する。この塵がブラインドのような役目をして、そこを通るときに特殊な光である円偏光を発生させている。

がずらっと整列します。

ところで、それぞれの塵にも形があります。形のあるものがずらっと整列すると、ある種の模様ができることはご想像のとおりです。

たとえば、塵にもいろいろな形がありますが、ここでは塵が円盤のような平たい形をしているとしましょう。そのような平たい塵が磁気の力に従って整列する場合は、塵の平たい面が、磁気の方向に向いて整列する性質があります（図22）。

そのため、たくさんの平たい塵が整列しているのを横から見れば、たくさんの細長いすき間から、塵の向こう側が見えるような状況になります。平たい塵がずらっと並んでいるのですから、横から見れば、しましま模様のように見えます。

たとえるならば、窓に取り付けられた「ブラインド」が半分開いていて、屋外から部屋に入り込む光と影が、部屋の中にしましまを作るような状態です。ブラインドがずらっと整列した平たい塵に相当して、ブラインドが折りたたまれる方向が、磁気の方向に相当します。ブラインドを光が透過する場合、方向によって光が透過しやすかったり、透過しにくかったりするために、光と影のしましまが見えます。

このように塵が磁気に従ってずらっと整列した場所では、「ブラインド」のたとえからも予想されるように、磁気の方向と、別の方向とで、光への影響が変わってしまいます。このような環境はまさに特殊なものです。

実際に、コンピューターシミュレーションによって、星が生まれている星雲において、塵がある程度整列しているような状況を再現した結果、そういった場所では特殊な光、円偏光が発生することが確かめられています。

実は、塵の整列というのは、その整列の程度はさまざまですが、宇宙のいろいろなところで見つかっています。また、地球の上空に漂っている塵も、わずかながら整列しているようです。

詳しい話は省略しますが、こういった塵の整列は、円偏光だけでなく、直線偏光も生みだしているのです。

第5章

地球外に生命は存在するか

この広い宇宙空間で、生命が住むことができそうな環境とはいったいどういう場所でしょうか。生命が住むことができる領域は、「ハビタブル・ゾーン」と呼ばれています。「ハビタブル」とは、「生命が住むことができる」という意味です。そして、生命が住むことができると考えられる惑星は、「ハビタブル・プラネット」と呼ばれています。

この章ではまず、この広い宇宙において生命が住むことができる場所について考えてみましょう。

また、地球の外に生命を探すことにおいては、生命体そのものを見つけだすことのみならず、生命が残した痕跡を探すこと、そして、生命の材料や環境に必要な物質（たとえばアミノ酸や液体の水）を探すことが重要になります。本章の後半では、現在までの探査状況を、太陽系の内と外、それぞれについてご紹介します。

生命にとって重要なのは液体が存在すること

生命は、物質を体内へ取り込み、エネルギーへ変え、栄養を体内中に運搬しています。また一方で、古くなった部分や排泄物を体外へ排出しています。

こういった「物質の流れ」のためには、水などの液体が存在していることが必要ではないかと感じるのが自然でしょう。地球では、山から水が流れ出て、川になって流れていき、そのうち蒸発して雲になり、再び雨となって地表に水が降り注ぎます。物質の流れや循環のためには、液体の存在は非常に重要な要素です。

このように、物質が円滑に流れていくことが必要だとすると、世界が完全に凍りついていないほうが生命にとってよさそうです。完全な氷の世界では、物質の流れがうまくいかないので、生命が住むことも生まれることも難しいように予想されます。

一方で、物質がすべて蒸発してしまっているような世界だと、ガスばかりの世界になってしまいます。ガスはすぐ混ざってしまいますから、ある部分と、別の部分との分離や区別が難しくなります。

また、いろいろな物質を蒸発させてしまうような灼熱の世界ですから、たくさんの物質が壊され、分解されてしまっていることを意味します。実際に、高温度の星では、物質が分解されてしまうので、その星に存在している物質の種類は少なくなっていることが、観測からわかっています。

なお、星の温度が低くなると、存在している物質の種類が多くなっていることもわかっています。

液体が存在できるような、高温すぎず、低温すぎず、適度な温度である環境が、私たちが考えている生命にとってはよさそうです。

水のある惑星の条件

さて、地球の場合、地球上の生命や、地球の海や川、雲や雨などといった、「物質の流れ」を制御している重要な液体は、水です。ここから、もう少し液体の水について考えてみましょう。

水という物質自体は宇宙空間のいろいろなところで見つかっていますが、水が「液体の状態」であるための環境は限られています。

たとえば、地球上においては、基本的に水は0度以下で氷になりますし、100度以上で水蒸気になります。太陽系においては、中心の太陽に近すぎると、温度が高くなりすぎて、

図23　太陽系のハビタブル・ゾーン

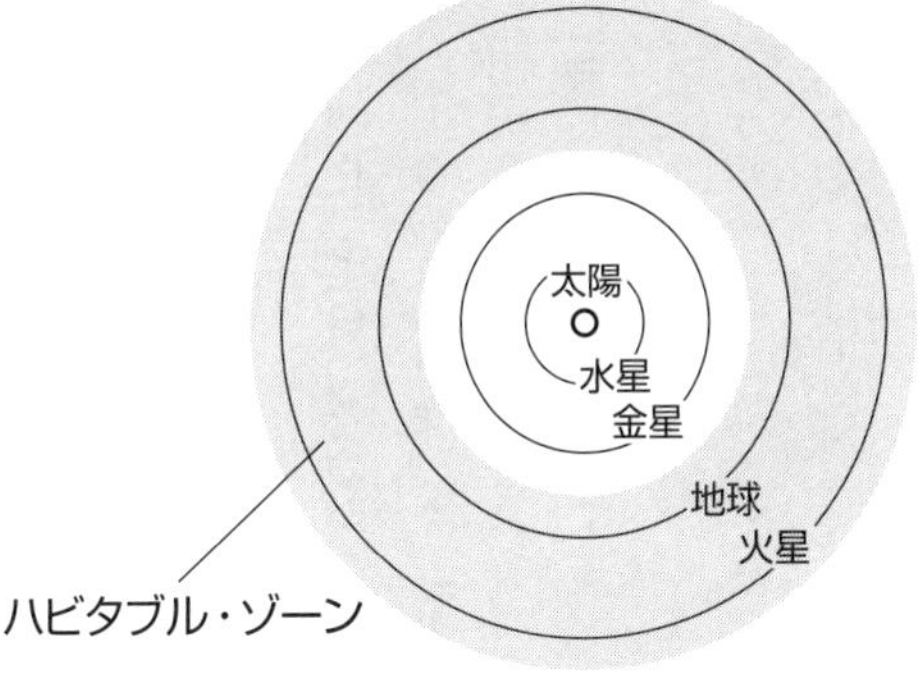

太陽系の中で「液体の水」が存在する可能性のある範囲がハビタブル・ゾーンと呼ばれる。現在のところこの範囲に、地球にいるような生命が住める可能性があると考えられている。

液体の水があったとしても蒸発して水蒸気になってしまいます。一方、太陽から離れすぎてしまうと、今度は冷たくなりすぎて凍ってしまいます（図23）。

さらに、液体の水の存在には、惑星の大気も重大な役割を担っています。惑星に大気があるかどうか、そして、その大気はどのような物質で作られていて、どれくらいたくさんあるのかなども考えなければなりません。

たとえば、もし地球に大気がまったくなかったとしたら、地球上の温度は、およそマイナス20度になってしまうのです。氷点下のとても寒い惑星ですから、私たちのような地球の生命は存在できなかったでしょう。

しかしながら、現在の地球には大気があり

ますから、この大気がある程度熱を地球上にとどめてくれています。いわゆる温室効果です。その結果、地球上の温度はだいたい20度くらいになり、地球の生命環境にとって適温の世界が維持されているのです。

なお、惑星の大気については、その惑星がどのように形成されたのかや、その後大気がどのように変化していったのかなどを、総合的に考えなければなりません。地球についても、昔の大気と今の大気はまったく異なっていたと考えられています。

惑星の大気は、物質が豊富で、さまざまな変化が次々に起きているため、現代においても非常に難しい課題のひとつです。天気予報が必ずしも当たらないのは、こういった事情のためです。

ハビタブル・プラネットとは、前述のとおり、生命が住むことができる惑星のことですが、実際には、「液体の水」が存在しているであろう惑星のことを指すためにしばしば使われています。

しかしながら、液体の水が存在するかどうかは、前述のとおり、大気の影響や惑星の形成過程などが無視できず、非常に複雑な問題です。これらのことを明らかにするためには、惑星が生まれている場所をよく調べること、そして、太陽系外惑星を「直接」観測して、その大気や表面がどのようなものであるかをよく調べること、この2点が非常に重要になります。

前者については、現在進められている大型計画などによって、これから10年くらいで飛躍的に理解が進むと期待されています。後者については、これから推し進めなければならない、21世紀の大きな挑戦といえます。

なお、ハビタブル・プラネットは惑星のことですが、生命が住める環境としては、必ずしも惑星である必要はありません。生命が住むことができる環境であれば、惑星の周りの衛星でもかまいません。場合によっては、小惑星などにも生命が住むことができるものがあるかもしれません。木星や土星の衛星には実際に大気も存在しています。

ここでは液体の存在に着目して話を進めました。一方、空気のことは？　と疑問に感じられた方がいらっしゃるかもしれません。実際、私たち人類をはじめ、多くの生物が、空気なしでは生きられません。

けれども、海の中だけで生きている生物がいます。もともと、生命は海の中で生きていました。実は、現在の陸上の生命は、現在の地球の大気（空気）に合わせて、その生命の仕組みができあがったにすぎません。まずは、安定して存在する液体こそが重要なのです。

宇宙放射線から私たちを守るもの

宇宙空間には、生命の体を破壊してしまうような有害な放射線などが飛び交っています。たとえば、太陽からはプラズマと放射線の風、いわゆる太陽風《たいようふう》が地球に吹き付けています。

宇宙飛行士が、宇宙空間にて頑丈な宇宙服を着ているのは、宇宙空間に酸素がないからという理由だけではありません。人体に有害な放射線などから身を守るためです。それでは、地球上の私たち生命はどのようにして宇宙放射線から守られているのでしょうか。

地球の周りには地球固有の磁気の領域、磁気圏があります。棒磁石のN極とS極の周りの磁気のように、地球の北極と南極の周りに巨大な磁気が広がっているのです。

この地球の巨大な磁気圏が、太陽風などから地球を守っています（図24）。これは、太陽風のプラズマは電気を帯びているので、棒磁石のようにN極からS極へつながっている磁力のループを突破することが難しい性質のためです。

もし、このような磁気圏が地球の周りになければ、太陽風が地球に直接吹きつけるため、地球の大気がはぎ取られていたかもしれません。また、地球表面が人体に有害な放射線にさらされている状況だったかもしれません。

また、地球の大気も地球上の生命を、放射線などから守っています。大気というのは、人

図24　太陽風から地球を守る磁気圏

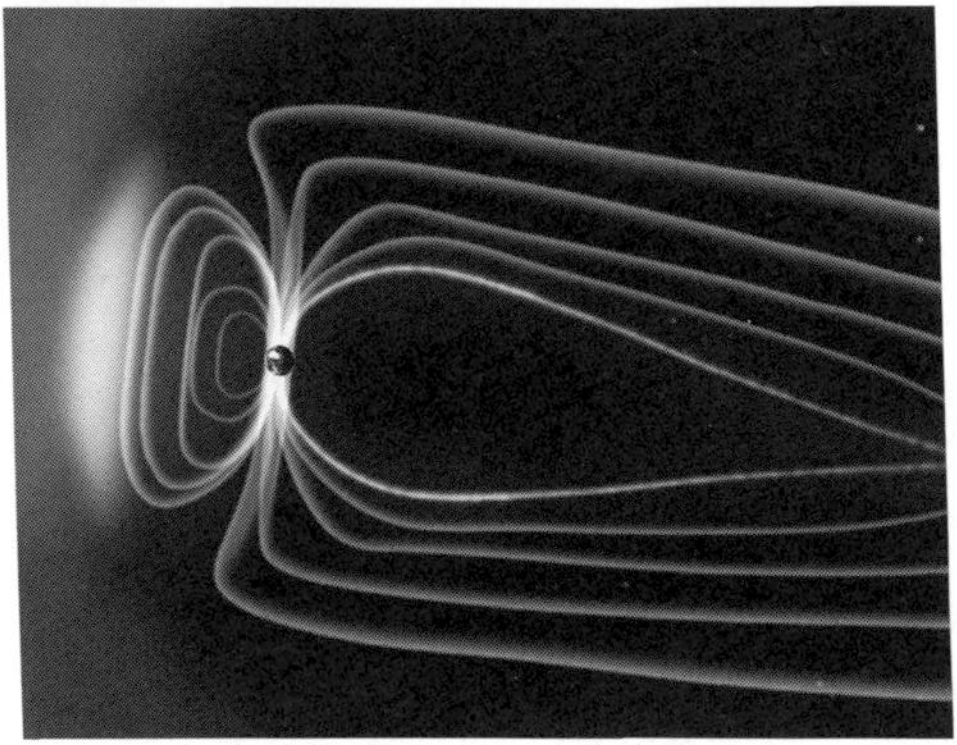

Credit: NASA/Goddard Space Flight Center- Conceptual Image Lab

太陽から吹き付けるプラズマや放射線（太陽風）を地球の磁場がブロックしているイメージ

間の感覚からすれば、すかすかのように感じられるかもしれません。しかし、45ページでご紹介したように、地球大気はたくさんの物質の集まりです。宇宙空間と比べればかなり濃いものなのです。これらの物質は、光が通り抜けるのを邪魔します。

人間の目に見える波長の光、いわゆる可視光線は、地球の大気を透過できるので地表に届いています。しかし、可視光線よりも短い波長の光、一部の紫外線などは、地球の大気に吸収されたりするのでほとんど透過することができません。

紫外線殺菌などと呼ばれるように、強烈な紫外線は、生体を破壊してしまいます。地球の大気による保護のおかげで、陸上にて生命が生きることができているのです。

特に、地球の大気の一部であるオゾン層が活躍していて、このような有害な紫外線から地表の生命を守っています。オゾン層の破壊が問題に挙げられたのは、オゾン層が完全になくなるようなことがあれば、われわれ生命にとって危険な環境になってしまうからです。

なお、太陽系の周りにも巨大な磁気が広がっており、太陽系の外側からの放射線などから太陽系を守っています。太陽系や地球においては、巨大な磁気や大気などの存在のおかげで、生命が住むことができる環境が守られています。

しかしながら、あまりにたくさんの放射線が降りかかってくると、防ぎきれなくなる可能性があります。私たちの住んでいる太陽系は、この広い宇宙においても比較的穏やかな環境に位置しています。これは、太陽系が銀河の中心領域にはなく、むしろ「地方」にあるためです（45ページ図6）。

しかし、銀河の中心に近くなると、超新星爆発などが多発しており、爆発に伴う多量の宇宙放射線などが飛び交っています。おそらくそのような地域では、生体への悪影響を十分に防ぎきれないおそれがあり、私たちのような地球の生命が住むことは難しいでしょう。ひとつの銀河の中でも生命が住めそうな場所と住めなさそうな場所に分かれると考えられます。

水が放つ電波レーザー

実は、宇宙ではいろいろなところに水という物質が（液体の状態ではありませんが）見つかっています。

ところで、宇宙空間における水についての興味深い現象として、水がある種のレーザーを放っていることが知られています。このレーザーは、はるか宇宙の彼方にすら、水という物質が存在することを示しています。つまり、レーザーを探すことで、水の存在を確かめることができるのです。ここで簡単にご紹介しましょう。

人間の目に見える可視光線での、強烈な放射光が、レーザーと呼ばれています。最近では、授業や講演会などでも「レーザーポインタ」として、画面を指し示すのにレーザー光線が使用されています。普段の生活でもレーザーをご覧になっている方もいらっしゃるかもしれません。

一方、「電波」としてのレーザーも存在しています。この電波でのレーザーは、特にメーザーと呼ばれています。宇宙空間では、水からの電波でのレーザー、つまり水が放っているメーザーが見つかっています。

地球上では、海があり、大気中にも水蒸気が含まれているわけで、いたるところに水という物質が存在しています。私たちはそのような水だらけの環境で暮らしているにもかかわらず、普段の生活において、水からのメーザーには遭遇していません。ですから、水からメーザーが放たれるなんてことは、少々驚きかもしれません。

地球上では水やその他のガスなどの量が多すぎるので、水と、他の水や別のガスなどが頻繁にぶつかってしまいます。ぶつかったときに、メーザーを放つためのエネルギーが失われてしまいますから、水はメーザーを放つことができません。

たとえば、私たちがぶつかった拍子《ひょうし》に書類をばらまいてしまったり、お盆の飲食物をこぼしてしまったりするのと似たように、物質同士がぶつかると、ある種のエネルギーを失ってしまうことがあるのです。

一方で、宇宙空間は地球上と比べてはるかに物質が少ない、すかすかの世界です。そのため、水と他の物質がぶつかることはあまりありません。このおかげで宇宙では、水にメーザーを放つためのエネルギーが充塡《じゅうてん》されるようなことがあれば、水はメーザーを放つことができるのです。

宇宙で見つかっている水からのメーザーは非常に強烈なもので、はるか宇宙の彼方からも私たちの地球にまで届いています。

地球から1000光年以上も離れている若い星の周辺や、私たちが住んでいる銀河ではなく、別のはるか遠くにある銀河の中心からも、強烈な水のメーザーが見つかっています。地球から1000万光年以上も離れた銀河からも実際に見つかっているのです。

このことが示すように、水という物質は、私たちの住んでいる銀河の中だけでなく、別のはるか遠くの銀河にも見つかっているのです。あるひとつの銀河の中にはいろいろな温度の環境があるでしょうから、おそらく私たちが住んでいる銀河以外にも、液体の水はいろいろなところにあることが強く期待されます。

私たちの血、宇宙生命体の血

地球の生命は、水によってつくられた天気のもとで、液体の水の流れの中で生きています。実際、人間を構成している物質の大半が（液体の）水です。しかしながら、宇宙空間では、液体の水が存在できる環境がどこにでも存在するわけではありません。

ところで、「物質を流して運ぶ」という意味では、その役割を担う液体が水である必要はあるのでしょうか。必ずしも、その液体が水である必要はないのかもしれません。水だけが海や川、雲や雨になることができるわけではないからです。

太陽系においては、8個の惑星やたくさんの衛星など、多様な環境があります。また、太陽系の外にも、惑星、つまり太陽系外惑星が見つかっています。衛星についても、まだ見つかってはいませんが存在していると考えられています。太陽と似た星もあれば、異なったタイプの星もあり、太陽系の外にはさまざまな状況に置かれた惑星や衛星があると考えられているのです。

つまり、太陽系にも太陽系の外にも、この宇宙には実にさまざまな環境があると考えられます。暖かい環境もあれば寒い環境もあるでしょう。そこに豊富にある物質もさまざまでしょう。その中には、地球のように液体の水をもとにした環境もあれば、水ではないその他の物質の液体をもとにした環境もあるだろうと推測できます。

それぞれの環境に、それぞれ適した生命が存在している可能性があります。地球外生命にとっては、私たち地球の生命のように、必ずしも水は必要なものではないのかもしれません。

もし、宇宙生命体が存在していたとしても、彼らの中に流れている液体は、我々人間とは本質的に異なっているのかもしれません。私たちは液体の水からできた飲み物を好みますが、宇宙生命体が、われわれの飲み物を摂取できるとは限りません。

地球においても多様な環境があり、その多様な環境に適応した生命が生息しているのと同様に、宇宙には多様な環境があり、その多様な環境に適応した生命が存在していて不思議ではないのです。

私たち人間は生命の多様な姿をまだよくわかっていない段階です、見て知っているのは地球上の生命のタイプだけです。ＳＦの世界ではさまざまな宇宙人の描写がなされてきましたが、研究の世界においても、どのような生命のタイプの可能性があるのかの研究が進められています。

「他山の石」ということわざがありますが、現在の地球の生命を理解するためには、別のタイプの生命を理解することは大きな助けになります。

火星に水はあるのか

ここからは、太陽系における地球外生命の探査状況についてご紹介します。

火星は、地球から近いこともあり、また、木星などと比べれば地球と似ているので、昔から生命に関する探査が積極的に進められてきました。現在も、火星に関する生命の探査はたいへん盛んです。

1996年に、火星から飛んできたと思われる隕石中に生命の痕跡が見つかったという報告があります。隕石中の炭素系の物質の模様や、その量などが、生命が存在していないと説明できないのではないか、というものです。重要な報告ではありますが、一方で、その痕跡は生命以外の影響なのではないかという指摘もあります。

本当に生命の痕跡なのかどうかは、研究者の間でも見方が分かれているということです。それを確かめるためには、やはり、火星に探査機を飛ばして、現地で直接生命の探査を行なうことが重要になってきます。以下で、探査機による成果をご紹介します。

火星には大気がありますが、火星は地球の10分の1ぐらいの重さしかないこともあり、地球と比べて「薄い」大気です。また、火星は地球の近くにある惑星ですが、地球よりも太陽からは離れており、大気も薄いので、火星表面に液体の水は存在しにくい環境です。火星表面には、現在は氷の水が存在していることが探査機によって確かめられています。

ところが、火星に飛ばされた探査機が、火星の上空から火星表面の写真撮影をしたところ、洪水《こうずい》によるものと思われる跡や、谷のようなものが見つかったのです（図25）。これらの跡は、おそらく過去、火星表面に水が流れた跡であろうと考えられています。火星は、昔は今よりも暖かく、液体の水が火星の表面にあったのかもしれません。

図25　火星には液体の水が存在した？

Credit:NASA/JPL/University of Arizona

火星上空から撮影した火星表面の写真。水の流れに刻まれた跡のような地形や谷が見られる。

なぜ、そのようにいえるのかというと、地球上において、川や谷、海岸などでは、水の流れが土地を削りだしたり、土砂などが水に流されて堆積したりしながら、水が流れることによる特徴的な「地形」が作りだされています。このような、地球上での水の流れが作りだす特徴的な地形と同じような地形が、他の惑星や衛星上にも見つかれば、過去に起きていた液体の流れが推測できるのです。

火星に液体があったとすれば、火星には生命が、少なくとも過去には生存していた可能性があります。

もしそうなのであれば、生命の痕跡が火星表面に残されているはずです。それを探すために火星へ何度も探査機が飛んでいるのです。現在のところは、まだはっきりとした生命の証拠は見つかっていない状況ですが、将来の探査機によって、火星表面、もしくは地面を掘り起こしてみたら、生命が見つかったということもありうるかもしれません。

火星については、今後も探査計画が続いており、さらなる続報が待たれています。なお、なぜ火星表面が今のような乾燥した世界になったのかは、まだ完全に明らかにはなっていない問題です。

2009年、月から水が発見される

私たちにとって最も身近な衛星といえば、地球が持つ衛星である月でしょう。この月には大気が（ほとんど）ありません。地球に大気があるのは、私たち人間と同じように、地球の重力によって大気が地球上に束縛されているからです。

一方で、月は地球の100分の1ぐらいの重さしかありません。重力が小さいと、大気などを十分とどめておくことはできません。彗星に尾ができるのは、彗星の本体が軽すぎて重力が小さいため、本体から蒸発したガスなどをとどめておくことができないためです。ガスなどがどんどん宇宙空間に散らばっていくために尾のように見えています。

図26　月で水が見つかる

月面へロケットを打ち込む探査機のイメージ。探査機自体も、先に衝突したロケットにより噴出した塵の中へ突入して計測しながら、月面へ突っ込んだ。

月も軽すぎるため、重力は小さく、月にたとえ大気があったとしても、それらが逃げていくことを止めることは困難です。月に降り立った宇宙飛行士が宇宙服を着ていたように、私たち人間のような生命体が住むには困難な環境でしょう。

このように大気はほとんどない月ですが、にわかに事態が急変しているため、ここで取りあげました。といいますのも、最近になって、月において重大な発見がなされたからです。

以前は、月には水はないと考えられていました。ところが、２００９年になって、この既存の常識が覆《くつがえ》されました。月に水（正確には氷）が見つかったのです。

月には数多くのクレーターがありますが、その底は太陽の光が当たりにくく、陰になって冷たくなっています。その場所に、氷となった水が存在することは十分にありうるのではないか、そのように考えたNASAのチームは、月に探査機を送り込みました（図26）。そして、クレーターに向けてロケットを打ち込んで、噴き上がった塵や蒸気の中に、どのような物質が含まれているのかを詳しく調べました。その中に、水が見つかったのです。

しかも水が約6％も含まれていたことがわかりました。どうやら思った以上に月にはたくさんの水があるようなのです。さらに同時に、アンモニアなども検出されています。

土星の衛星「タイタン」に降るメタンの雨

地球よりも100倍重たい土星の周りには、たくさんの衛星があります。その中のひとつである「タイタン」と呼ばれる衛星は、太陽系でもかなり特殊な衛星として知られています。

タイタンには、地球の空気とは成分が異なりますが、立派な大気があるのです。しかもその大気は「濃い」ものなのです。

タイタンは、地球の半分くらいの大きさがあり、月の2倍くらいの重さがあります。月とは異なり、タイタンは自らが持つ重力によって、大気が宇宙空間に逃げていかないように束縛しているのです。タイタンの大気にはメタンという物質のガスが含まれています。牛のゲップなどに含まれるメタンガスのことです。ほかにはたくさんの窒素が含まれています。

こういった特徴などから、タイタンの大気は、昔の地球の大気と似ていると考えられています。そのため、タイタンの研究は、昔の地球の進化、そして生命の進化を考える上でも重要になっています。

タイタンの気温は地球よりも低く、およそマイナス180度ぐらいの寒い世界です。土星は、太陽から遠く、地球と太陽との間の距離の約10倍も離れています。そのために太陽からの光があまり届かないので、非常に寒くなっているのです。

このような極度の寒さでは、生命は存在できないとお考えかもしれません。たしかに、第3章でご紹介したような、地球の生命のようなタイプの生命は、生存が難しいかもしれません。

タイタンは、望遠鏡で見ると、どんよりとして見えます。これは、タイタン全体が「もや」に覆われているからです。実は、このもやには、太陽からの紫外線に照射されて作られた、有機物が含まれていると考えられています。

地球の生命が使っているようなアミノ酸が見つかっているわけではありませんが、アミノ酸も有機物の一種です。もやの有機物を考慮すると、タイタンにもなんらかの生命がいるのではないか、と研究が進められています。

タイタンを覆う「もや」が望遠鏡による観測の邪魔になるため、タイタンの表面の状況は近年までよくわかっていませんでした。しかしながら、タイタンへ探査機が２００４年に飛ばされて、タイタン上空からの写真撮影だけにとどまらず、タイタン表面に着陸して撮影することができました。

その結果、タイタン表面における写真には、凍った水のかたまりのようなものがいくつも散らばっているのが見つかりました。タイタン表面は前述のとおり非常に寒いため、液体の水はやはり存在しないのでしょう。

一方で、上空から撮影した写真からは、タイタンの表面に川のような形が見つかりました(図27)。おそらく、これは液体のメタンが流れた跡ではないかと考えられています。また、冷たい液体のメタンの池と思われるものも写っていました。

地球では、水が蒸発して、雨となり、そして山から川として流れていきます。これが地球の水の循環です。ところが、タイタンでは、地球における水の代わりとして、メタンが循環

図27　土星の衛星タイタンで見つかった液体の痕跡

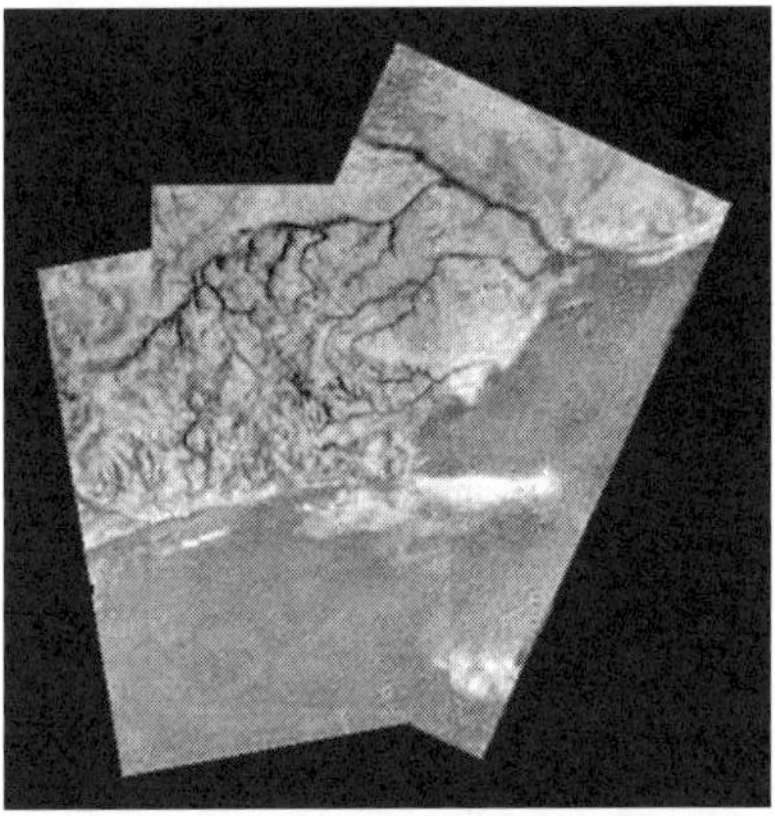

Credit: ESA/NASA/JPL/University of Arizona

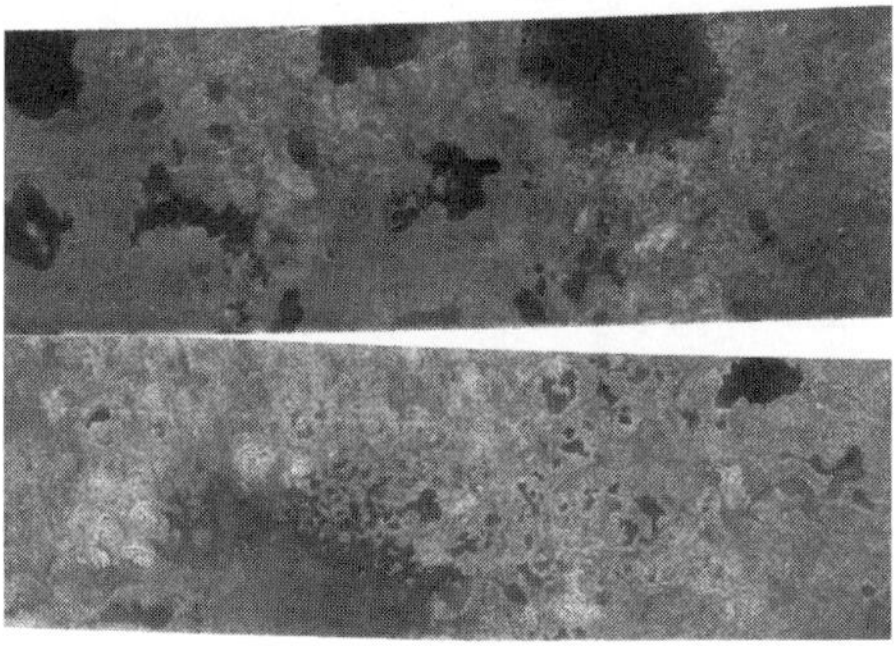

Credit: NASA/JPL

衛星タイタンの上空から撮影された写真。川の支流が集まって大きな流れになっている様子（上）や、湖や池のような地形（下）が写っている。これらには、水ではなく、液体のメタンが流れていると考えられている。

しているようなのです。メタンが蒸発し、メタンの雨が降っているようなのです。メタンは水と比べて、ずっと低い温度で凍ったり蒸発したりする物質です。

メタンの血を流す生命が存在する？

地球では、水の循環に適した生命が存在しています。そう考えれば、タイタンでは、もしかするとメタンの循環に適した生命が存在するのかもしれません。

人間の大半は水であり、体内を流れる血にもたくさんの水分が含まれています。血などの体内の水分は、体温という適度な温度になっています。

ところが、水とは異なり、液体のメタンはだいたいマイナス200度という非常に冷たい液体です。そのため、もし液体のメタンが体内を流れるような生命がいたとしても、非常に冷たい生命体になるでしょう。人間とはお互いに体温がかけ離れすぎているので、握手をすることすらできません。

また、第3章でもご紹介しましたが、体内の生体反応は、体温によって後押しされています。ですから、メタンの生命体がいたとしても、その体温は非常に低いために、体内の生体反応が起こりにくい状態になっていることが考えられます。そのようなゆっくりとした生体反応では、生命体として存在できないのではないかと考える人もいます。

一方で、タイタンに落ちる隕石の、落下時のエネルギーや、ある種の物質が変化する際にもたらされるエネルギーなどによって、生命のためのエネルギーが得られるのではないかとも考えられています。

私たちは、まだ地球の生命のことしか知りません。もしかすると、私たちのまったく知らないタイプの生命がタイタンにはいるのかもしれないのです。

木星の衛星「エウロパ」の地下に眠る海

地球よりも３００倍も重たい巨大な惑星である木星の周りにも、たくさんの衛星が見つかっています。その中のひとつであるエウロパは、生命を考える上で興味深い衛星です。

エウロパには、さきほどのタイタンのような大気はありません。月よりも少し小さな衛星です。木星は土星と同じく太陽から遠く離れており、地球と太陽との間の距離の5倍ほども離れています。そのため、やはり太陽光が届きにくく、非常に寒い世界となっています。

エウロパの表面は、約マイナス１５０度の世界であり、氷で覆われています（図28上段）。ところが探査機のデータから、エウロパの地下には液体の水、いうなれば地下世界に広がる海がある可能性が高いと考えられています。たとえば、探査機が撮影したエウロパの表面の写真には、エウロパの地下から液体が噴き出したような痕跡が、たくさん写っているのです。

エウロパの地下に液体の水があるのであれば、エウロパの地下深くには、氷を溶かすための熱源があることになります。

エウロパは木星の周りを楕円《だえん》軌道でまわっているため、木星に近づいたり遠ざかったりしています。そのため、エウロパ内部にかかる木星重力などが変化するため、エウロパの内部は揺さぶられることになります。これがエネルギー源になりえます。また、内部の天然の放射性物質もエネルギー源として考えられます。

こういった熱源によって液体の水が凍らずに保たれていると考えられます。ひょっとしたら、地下には生命にとって快適な環境があるのかもしれません。

地球でも冬に、バケツの水や湖などで、水面だけが凍って、氷の下は液体のままであることがあります。特に、水面が凍った冬の湖などでは、氷面の下に広がる液体の水の中を魚が泳いでいたりするのは興味深い点です（図28下段）。このようなことが、はたして、エウロパでも起こっているのでしょうか。

図28　エウロパの地下には水がある?

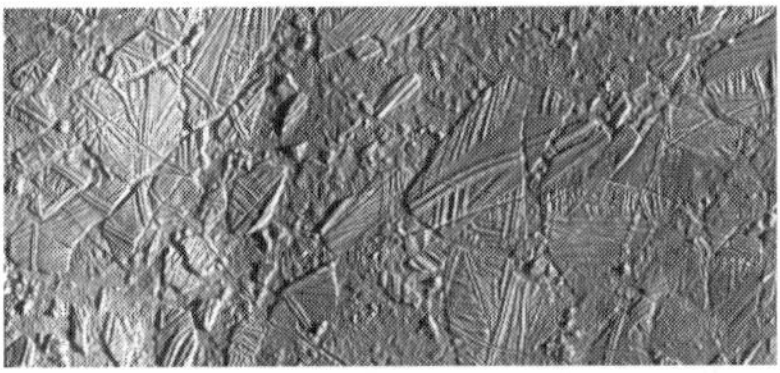

Credit:Galileo Project,JPL,NASA

エウロパの表面の写真。氷で覆われている。

〈エウロパ内部の想像図〉

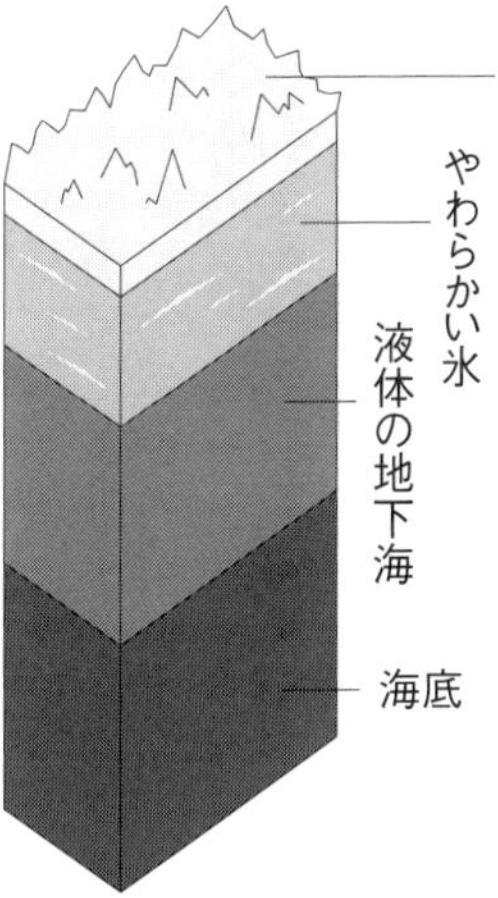

〈冬のわかさぎ釣り〉

エウロパの表面の氷の下には液体の水、つまり海が存在すると考えられている。ちょうど冬のわかさぎ釣りのように、表面だけが氷になっているイメージ。

一方で、生命活動を維持するためのエネルギーが、地下世界で十分に得られるのかといった問題も指摘されています。まだ、エウロパの地下世界を探査機が直接調べたことはなく、現在も研究が進められています。

将来的には、エウロパに、はやぶさ探査機のようなものが飛んでいって、エウロパの氷でできた地面を掘るようなこともあるかもしれません。そのとき、なにが出てくるでしょうか。

彗星のアミノ酸

地球上の生命は、前述のとおりアミノ酸によって作られています。また、隕石などによって、生命の種が初期の地球へもたらされたことが考えられています。

ところで、彗星は、地球にそのまま落ちてきて「隕石」となったり、隕石のもとになったりしています。そこで、彗星にアミノ酸が見つかれば、宇宙からアミノ酸が地球上へ飛来した可能性を高めることになります。

彗星に関する近年の大きな発見は、そのアミノ酸が見つかったことです。

NASAの「スターダスト探査機」は、彗星に飛んでいって、彗星の物質を直接回収して、２００６年に地球へ持ち帰ってきました。このようにして回収された彗星の物質は、その後詳細な分析が進められました。その結果、２００８年になって、アミノ酸が含まれていたことがわかったのです。

しかも、その物質は、序章でもご紹介している、グリシンです（23ページ図2）。アミノ酸にはたくさんの種類があるのですが、見つかったのは、地球上の生命が使っているアミノ酸のうちの一種なのです。

また、彗星からは水も見つかっています。こういったことからも、生命の誕生に必要であったものが、初期の地球へ宇宙から持ち込まれたことがうかがえます。

以上のような探査をはじめ、現在もさまざまな太陽系に関する研究が進められています。太陽系において、地球外生命体はまだはっきりとは見つかっていませんが、地球外生命体がいそうな場所や、生命のための物質は見つかりはじめています。今後も新たな探査機の計画が予定されていますから、引きつづき新たな事実が明らかにされていくでしょう。

太陽系外惑星の発見ラッシュ

太陽とは別の星の周囲にも、惑星が見つかりはじめています。これらの太陽系の外にある惑星は、「太陽系外惑星」もしくは略して「系外惑星」と呼ばれます。こういった太陽系外惑星の中には、太陽系の地球のように生命が存在する惑星もあるのでしょうか。

ここからは、太陽系外惑星と、その生命の探査に関わる話題をご紹介します。

太陽と似たタイプの星の周囲にこのような太陽系外惑星が見つかりはじめたのは、1995年になってからです。太陽系の外に惑星を探すということは、昔から大きな興味を持たれていましたが、相当な努力にもかかわらず長い間見つかりませんでした。

そのため、私たちの太陽系にしか惑星はないし、生命もいないのではないかというように考える人もいたようです。

1995年になって太陽系外惑星が見つかりはじめたのは、スイスの二人の研究者、マイヨール博士とケロズ博士が、それまでの常識を打ち破ったからです。

太陽系では、木星のような巨大な惑星は、太陽からずっと離れています。地球と太陽との距離の5倍以上も遠くにあるのです。これが宇宙科学者たちの「常識」でした。しかし、マイヨール博士たちは、星のすぐそばに木星のような巨大な惑星が存在することもあるのではないかと考えました。

木星のような巨大な惑星は重たいので、その惑星が周囲に及ぼす重力は大きくなります。もし、そのような巨大な惑星が星のすぐそばをまわっていれば、その星は、巨大な惑星の重力によって、わずかにではありますが、振りまわされることになります。そのため、星はぐらついて見えるので、望遠鏡でそのような星のぐらつきを確認することができるのです。

実際に、マイヨール博士たちは、このような星のぐらつきを確認し、太陽系外惑星を発見するに至りました。

マイヨール博士たちは、宇宙科学の考え方を一変させました。発見当初は、必ずしも研究者たちの誰もが、そのような研究を歓迎したわけではありません。

さまざまな意見が飛び交い、発見は誤りであるという論文も著名な研究者から提出されるなどしました。マイヨール博士たちは、大きな発見をもたらした研究能力だけでなく、激しい反論にもめげない度胸、そして、逆風の中でも研究を推し進める研究者魂があったといえます。

マイヨール博士たちの研究の発表後、その研究の重大性に速《すみ》やかに気づいた人たちもいました。彼らは、マイヨール博士たちと同じ方法で次々と太陽系外惑星を発見していきました。そうした成果が相次いでいく中で、太陽系外惑星の発見はどうやら確からしい、と考える研究者がどんどん増えていきました。

系外惑星を見つけるための、別の新たな方法も編みだされ、観測は急速に進んでいます。現在見つかっている太陽系外惑星の数は、その候補まですべて含めると、すでに500個を超えています。太陽系外惑星を発見するために新しい装置の開発の競争も激化しており、最近では、すばる望遠鏡などによって、太陽系外惑星そのものの写真を撮ることができるようになってきています。

近年のこうした動きは、ものすごい勢いです。そうした研究の中から、「第二の地球」の発見という歴史的な出来事が生まれるかもしれないのです。

なお、マイヨール博士たちの見つけた系外惑星は、いわゆる木星のような巨大な惑星です。木星のような惑星は大きく重たいために、地球のような小さな惑星と比べると見つけやすいのです。これまで見つかっている系外惑星の多くが、巨大なガス惑星であると考えられています。

太陽系において、太陽に次いで重い木星は、太陽系の他の惑星などが太陽系のどのあたりに位置するかということに大きく影響しています。巨大な系外惑星も、太陽系のような環境

祥伝社新書
補充注文カード

定価 819円 (税5%)

帳合・貴店名

注文数　　部

発行所	祥伝社
著者	福江　翼
書名	生命は、宇宙のどこで生まれたのか

定価 819円
(本体 780円)

TEL 03(3265)2081
FAX 03(3265)9786

9784396112295

ISBN978-4-396-11229-5
C0240 ¥780E

が誕生する際に大きな影響があるため、その探査は重要になっています。

また、木星のような巨大な惑星は、周囲に及ぼす重力の影響が大きいため、間接的に地球へも影響します。場合によっては、隕石などが地球へ降り注ぐ原因にもなりえます。隕石の地球や生命への影響は他の章でもたびたび言及していますが、そういった点においても巨大な太陽系外惑星を調べることは重要です。

「第二の地球」と生命の手がかり

宇宙の生命を探すという観点においては、「第二の地球」を見つけだすことが、非常に大きな課題になっています。太陽系の外では木星のようなガス惑星にも生命がいることもあるかもしれませんが、やはり太陽系のことを考えれば、地球にいるような生命は、地球のような惑星にいる可能性のほうが高いと予想されます。

そのため、やはり地球のような、「第二の地球」と呼べるような太陽系外惑星を見つけて、そのような惑星を詳しく調べて、生命がいるかどうかを調べていくことが、宇宙生物学にとっても大きな目標となります。

現在のところ、残念ながら、まだ「第二の地球」と呼べるような太陽系外惑星は見つかっていません。では、「第二の地球」と呼べるような惑星の条件とはどのようなものでしょうか。

まず、木星のような巨大で重たいガス惑星であってはいけません。そのため、地球と同じような重さの太陽系外惑星を探すことになります。

また、太陽系の8個の惑星を見比べると、地球以外の惑星はどんよりとした色をしているのと対照的に、地球は鮮やかな色をしていることがわかります。これは地球上の生命や海の存在のためです。こういった生命や海が存在している惑星の、特有の色を見つけだすことで、生命や海の存在を調べて、「第二の地球」を判別することになります。

さらに、地球の酸素は、植物などの生命が光合成で作りだしたものです。太陽系外惑星に酸素を探すことも重要な手がかりになります。

なお、地球の年齢は約46億歳ですが、太陽系外惑星はたくさんありますから、それらの年齢もさまざまです。「第二の地球」も複数見つかるかもしれませんし、それらの年齢もいろいろかもしれません。

つまり、地球よりも年老いている「第二の地球」が見つかるかもしれませんし、地球よりも若い「第二の地球」が見つかるかもしれないのです。これは非常に重大なことで、「第二の地球」が複数見つかれば、地球の未来の姿や過去の姿が、望遠鏡で観測することができるかもしれないのです。

ところで、歴史の教科書には、たとえばガリレオ・ガリレイ氏をはじめ、著名な天文学者たちの名前が載っています。太陽系外惑星の発見、特に将来、「第二の地球」が発見されることがあれば、おそらく歴史の教科書に載るであろう重大な出来事です。

世界中の宇宙科学者たちが、ものすごい勢いでこの分野の研究を進めているのは、純粋な興味と、その大きな重要性から来ています。「第二の地球」の発見や地球外生命の発見は、科学的な意義があるだけでなく、人類のものごとの根本的な考え方が変わるかもしれない、それぐらい重大なことです。

観測が待たれる「スーパーアース」

近年、報道などでも「スーパーアース」という言葉が登場するようになりました。これは、第二の地球を発見しようとしている最中などで見つかってきた太陽系外惑星の一種です。

アースは英語で地球を意味しますから、日本語に直訳すれば、「超地球」になります。実際には、第二の地球とまではいえないが、地球よりひとまわり大きな太陽系外惑星のことが、しばしばスーパーアースと呼ばれています。

系外惑星は地球から遠く離れているので、なるべく大きな惑星のほうが、見つけやすいのです。ですから、こういったスーパーアースのほうが、地球と同じサイズの惑星よりは見つけやすく、近年ちらほら見つかるようになっています。

ただし、スーパーアースは、たしかに地球よりは大きいのですが、木星のように大きな太陽系外惑星と比べれば、およそ100倍軽く、小さい惑星です。そのため、スーパーアースの観測は、やはり容易ではありません。最近の観測の進展において、やっと発見ができるようになったのです。

なお、スーパーアースという言葉は、まだスーパーアースが見つかりはじめて間もないこともあり、地球よりもひとまわり大きな太陽系外惑星のすべてを指して使われていることには注意が必要です。

たとえば、スーパーアースと呼ばれる個々の惑星の表面がどのような状態になっているかまでは、まだ観測ができていないため、はっきりとしません。海があるかもしれませんし、ただの岩のかたまりかもしれません。冗談めかしていえば、宇宙人が作った巨大な建造物、

「人工の惑星」かもしれません。残念ながら、現段階では観測システムに限界があるので、まだベールに包まれています。

また、スーパーアースと呼ばれている太陽系外惑星の中には、星のすぐそばにある惑星も含まれています。こういった惑星は温度が高くなりすぎていると予想されるため、生命が住むには難しいおそれもあります。

このように、今のところ、スーパーアースは単に地球の数倍くらいの重さの太陽系外惑星、ということ以上にはあまりよくわかっていないのが実情です。今後、スーパーアースの表面や大気がどのような状態になっているかをさらに詳しく調べていくことで、生命が存在しているのかどうかという問題に迫ることができるでしょう。

生命が住める衛星は存在するか

太陽系の外に生命を探す上では、前述のような太陽系外惑星上の生命を探すことだけでは充分ではありません。太陽系外惑星が持つ衛星にも、生命が存在する可能性があるからです。特に、木星のような巨大なガス惑星が持つ衛星が注目されています。

これまで、木星や土星のような巨大な太陽系外惑星がたくさん見つかってきました。こういった大きな惑星と比べて、衛星はずっと小さいために観測がかなり難しく、まだ見つかっていません。

しかしながら、木星や土星にはたくさんの衛星が存在していることを考えれば、すでに見つかっている大きな太陽系外惑星の周囲にも、衛星が存在することが強く予想されます。すでに見つかっている太陽系外惑星の周囲をはじめ、この宇宙には惑星だけでなく、衛星もたくさんあるのだろうと推測できます。

それらの衛星の中には、大気を持つものもあるかもしれません。また、太陽系外惑星は、中心の星から近いところでも、離れたところでも見つかっています。ですから、それらの惑星周囲の衛星も、さまざまな温度、さまざまな環境に置かれているものがあるでしょう。それらの衛星の中には、液体の水がある可能性もあります。

もしかすると、衛星であるにもかかわらず、地球に似たようなものもあるかもしれません。つまり、木星のような巨大なガス惑星の周りを、あたかも地球のような衛星がまわっていることもあるのかもしれません。

そうした衛星では、その衛星の環境に適した生命が生まれているかもしれません。太陽系外惑星の周囲に、生命が住めるような衛星があるのかもしれないのです。

図29　月の裏側を見ることはできない

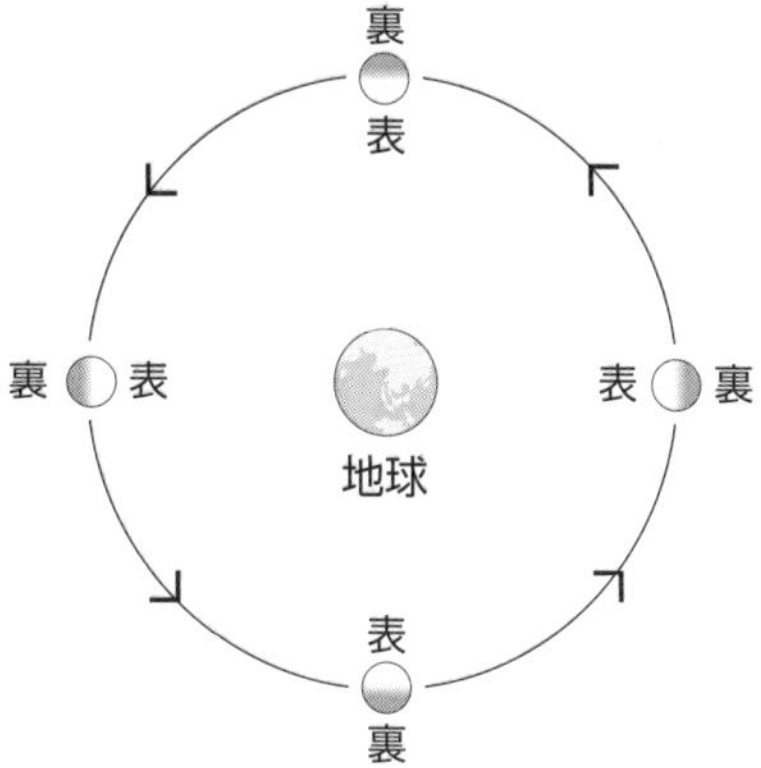

月は常に同じ面を地球に向けながら地球の周囲をまわっているため、地球上から月の裏側を見ることはできない。

表側の世界と裏側の世界

地球の月は、地球に対して、常に同じ側を向けながら、地球の周囲をまわっています(図29)。そのため、地球上からは常に、月の「表側」しか見ることができず、月の「裏側」を見ることはできません。人類は、スペースシャトルや探査衛星などで宇宙に行くまで、月の「裏側」を見ることはできなかったのです。

これは、地球の重力が主な原因です。地球に対して、月が裏側を向けようとすると、地球の重力によって引き戻されてしまうため、月が裏側を向けることはできません。

ちなみに、月の重力も地球に影響を及ぼします。地球上の月に近い側では、特に月の重力の影響が強くなります。そのため、月に近い側の海では、月の重力によって海水が月側に引き寄せられるので、海面が高くなっています。一方、地球の周囲を月はまわっていますから、月に近い側も常に移動するため、海面が高くなる場所が刻一刻と変わっていきます。基本的にはこのようにして、海の満ち潮・引き潮がもたらされるのです。

木星や土星などの巨大なガス惑星の衛星においても、地球の月と同じような現象が起きることがしばしばあります。特に、ガス惑星の方を向いている衛星の「表側」と、その「裏側」が固定される現象が興味深いです。

もし、そのような、巨大なガス惑星周囲の、表側と裏側が固定された衛星に生命が住んでいたとしたらどうなるでしょうか。衛星の「表側」に住む生命の空には、いつもガス惑星が見えることになります（図29を参照）。

地球の月の場合は、月が小さいので夜空であまり大きくは見えていませんが、ガス惑星は巨大なため、かなりの迫力になりそうです。木星のような不気味な模様が夜空に見えている、というような状態になると思われます。

一方、衛星の「裏側」に住む生命は、常にガス惑星の姿を見ることはできません。

また、ガス惑星は巨大なので、衛星の位置によっては、中心の星からの日差しがすっかり遮られてしまうでしょうから、地球環境では考えられなかった問題も出てくるかもしれません。

実は、衛星だけでなく、惑星でも同様な現象が起きることがあります。惑星が、中心の星に対して常に同じ側を向けながら、中心の星の周りをまわっているのです。このような惑星では、惑星の半分は常に星の光を浴びるため、常に昼になります。一方、惑星の半分は常に日陰になっていますから、常に夜中になります。惑星が昼の世界と夜の世界に二分されるなんてこともありうるのです。

太陽系の外には、太陽系では起こらなかった現象がおそらくたくさんあるでしょう。惑星だけでなく、衛星という環境で、どのように生命が誕生し、どのように進化するのかもたいへん興味深いテーマです。

赤い太陽、青い太陽、巨大な太陽

第３章でご紹介したように、太陽がなければ、地球の生命は成り立ちません。太陽のおかげで、地球に海ができ、植物が光合成を行なうなどしているからです。

さて、宇宙にはたくさんの種類の星があります。太陽とは異なったタイプの星の周囲にも太陽系外惑星が見つかっています。太陽とは異なった種類の星からは、太陽とは異なった光が惑星に降り注ぐことになります。そのため、その異なる光のもとでは、生命にどのような影響があるのかを考えていかなければなりません。

宇宙には太陽に似た星もたくさんありますが、太陽よりもずっと重い星もあれば、太陽よりもずっと軽い星もあります。前者の重たい星は、太陽よりもずっと温度が高く、後者の軽い星は、太陽よりも温度が低くなっていることがわかっています。

星は温度が変わると、その星の色が変わる性質があります。星の温度が高くなるほど、星の内部のエネルギーが高くなっているので、星から放たれる光のエネルギーが強大になるためです。光の色は、その光が持つエネルギーの強さによって変わります。

虹は、太陽の光が分解されて、紫・青・緑・黄・赤色といった光が並んで見えている状態です。紫の光に向かってエネルギーが高く、赤い光に向かってエネルギーが低くなっています。さらに、人間には見えませんが、紫外線は紫色の光よりもエネルギーの高い光で、赤外線は赤色の光よりもエネルギーの低い光です（125ページ図18）。

このようにして、星の温度が変わり、星から放たれる光のエネルギーが変われば、星の色が変わるのです。人間の目に見える色の光だけでなく、紫外線や赤外線などの人間に見えない光の量も変わります。たとえば紫外線は、私たち人間に日焼けをもたらすなど、明らかに生命に影響を及ぼしているのはご存じのとおりです。

星の種類によって、惑星に降り注ぐ光も異なってしまうため、太陽とは異なったタイプの星による生命への影響について、現在精力的に調べられています。

実際に見つかっている太陽系外惑星は、必ずしも太陽とよく似たタイプの星だけに見つかっているのではありません。私たちの太陽は薄黄色をしているといえますが、太陽よりもずっと軽く、温度が低い「赤い星」の周囲にも太陽系外惑星が見つかっています。また、太陽よりも多少重たい星にも太陽系外惑星が見つかっています。

一方、太陽よりも何十倍も重たい「青白い星」の周囲には、観測システムの能力に限界があることなどからまだ見つかっていませんが、そういった星にも太陽系外惑星は存在している可能性はあります。

また、太陽よりもずっと膨《ふく》れあがった「巨大な星」の周りにも太陽系外惑星は見つかっています。いわば、太陽が地球の近くぐらいにまで膨れあがっているような巨大な星です。

こういったさまざまなタイプの星の周囲の惑星上の生命が見る空や夜空は、私たちが見ているようなものとはかけ離れたものになるでしょう。その惑星にとっての「太陽」の色は、青白かったり、赤かったりするのです。もしくは、非常に巨大な「太陽」が見えていることもありえます。

それぞれの惑星の「太陽」の見え方が異なることからお察しのように、その惑星の気候や生命への影響はじつにさまざまなものになるはずです。

空に二つの太陽が昇る惑星がある？

太陽系では、みずから光る星は太陽ただひとつです。日中は、ひとつの薄黄色をした太陽が昇り、そのうち日が暮れて夜になります。人間を含む生命はこのような環境で進化してきました。

一方で、宇宙には双子のような星が昔から知られています。二つの星がお互いの周囲をまわっているもので、連星と呼ばれます。

このような連星の周りにも惑星が見つかっています。現在の観測では、いわゆる地球とよく似た惑星が確認されている段階ではありませんが、今後の観測能力の向上によって生命が存在できる惑星も見つかるかもしれません。

では、もし連星の周りに生命が存在したとすれば、どのような空を見るのでしょうか。ここでは、二つの顕著な場合を想定してみましょう。

図30をご覧ください。中心の星の周りをまわっている惑星の軌跡が、楕円で表わされています。一般的には、このように、星の周りを惑星がまわることで季節がもたらされます。一方で、惑星は常に自分を中心に回転しています（自転）。このことから昼と夜がもたらされます。

まず、惑星が連星になっている二つの星の外側をまわっている場合を考えてみましょう（パターン1）。特に、惑星が二つの星からある程度離れている場合を考えてみます。このような惑星から空を見上げれば、二つの太陽が寄りそいながら、日の出を迎え、空を動いていき、日没を迎えるのが見えるはずです。ときにはその二つの太陽の一部が重なって見えることもあるでしょう。

次に、連星の二つの星のうち、ひとつの星の周りを惑星がまわっている場合です（パターン2）。これは少々ややこしい問題です。惑星がまわっている中心の星を太陽1号、もう片方の星を太陽2号と名づけてみましょう。

まず、太陽1号の光によって昼間が作りだされるでしょう。太陽1号が日没すれば、普通なら夜が来ると考えられますが、惑星の位置によっては、太陽1号の日没後、太陽2号が昇りはじめるかもしれません。このような事情から、「昼間」や「夜中」の長さは季節によって大きく変わってしまうことになります。

さらに、昼間に太陽1号と太陽2号が同時に見えることもあるでしょう。空に見える太陽1号と太陽2号とがどれだけ離れて見えるかについても、季節によって大きく異なることが考えられます。

ところで、連星のそれぞれの星が同じタイプの星であるとは限りません。星のタイプが異なれば色や明るさが異なります。連星の周囲の惑星上で見上げた空には、色の異なる二つの太陽が見えるのかもしれません。

連星の周囲の惑星は、じつに不思議な世界になっていると思われます。このような環境においては、いったい生命はどのように誕生して、どのように進化するのでしょうか。生命や惑星にとって、中心の「太陽」は非常に重大な役割を担っているとすでに述べてきました。連星の「太陽」の影響は、非常に興味深い問題です。

ここまで考えてきた連星というのは、星の数が2個しかない連星でした。一方で、星の数がさらに多い連星も存在します。

そのような場所に惑星が存在するならば、その空を見上げれば、たくさんの太陽が見える

図30　2つの太陽

〈パターン1〉　〈パターン2〉

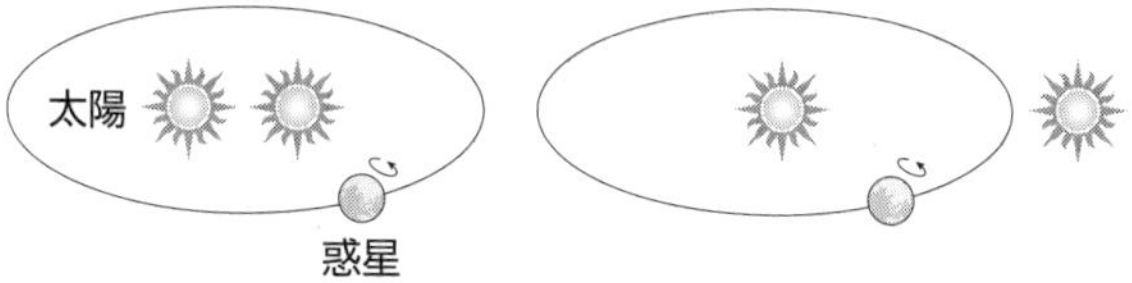

宇宙には"太陽"が2つ以上ある"太陽系"が存在する。そのような"太陽系"にある惑星は、わたしたちの地球とはまったく異なる世界になりうる。なお、惑星の上の小さな回転矢印は、惑星の自転を表わしている。

のかもしれません。連星に含まれる星の数がいくつであるにせよ、星がたくさんあるため、ややこしい環境になっているでしょう。

連星はこのように複雑なシステムですから、観測は比較的難しく理論的にも多くの現象を取り扱わないといけないので、現段階ではまだあまりわかっていないことも実際には多いです。しかし、このような複雑なシステムにおいては、人類の予想を大きく超える現象があるのではないかと、今後の研究の進展に期待を寄せています。

第二の地球を探すための究極の望遠鏡作り

現段階では、利用できる望遠鏡の能力に限界があり、生命や、生命の痕跡そのものを、太陽系外惑星上に見つけるまでには至っていません。

とはいえ、生命や生命に関連するものの中から、何を、どのように探すか、具体的な検討が進められています。そういった中で検討されてきた将来の計画について、いくつかご紹介していきましょう。

まずは、地上での望遠鏡の計画です。ハワイにある日本の「すばる望遠鏡」では現在、太陽系外惑星の探査が進められています。

すばる望遠鏡は1999年に試験観測が開始され、その後も新しい装置などの開発が続けられており、少しずつパワーアップしています。2009年になってついに、太陽に似た星のそばに太陽系外惑星を発見して、その惑星の姿を写真に撮ることに成功しました。このような成果は世界で初めてのことです。現在も観測が進められており、今後も新しい発見が期待されています。

すばる望遠鏡の「鏡」の直径は約8メートルですが、この鏡をさらに大きくすることで、望遠鏡の能力が高まります（人間でいうところの、視力などがよくなります）。そのために、すばる望遠鏡の近くに、新たな、さらに巨大な望遠鏡の建設が検討されています（TMT計画）。その望遠鏡の鏡は30メートルぐらいになりそうです。

あまりに大きいため、１枚の鏡では作ることが困難です。といいますのも、鏡そのものが大きすぎて自らの重さに耐えきれず、鏡そのものがたわんでしまうからです。そこで、およそ５００枚もの多数の小さな鏡をパズルのように組み合わせて、あたかも巨大な鏡のようにすることが予定されています。

夜空の星は夜の間中、ゆっくりと動いていますから、望遠鏡も星の動きに合わせて動かなければなりません。30メートルというと10階建てぐらいの建物に相当します。このような巨大な建築物が、動く夜空を追いかける、そんな時代が近づいています（図31上段）。

一方で、宇宙に望遠鏡を打ち上げて太陽系外惑星を観測しようという動きも以前からあります。地上では大気や風が観測を邪魔しますが、宇宙空間ではこういった悪影響がないので非常に有利です。たとえば、ＮＡＳＡの「ハッブル望遠鏡」は有名であろうかと思います。ハッブル望遠鏡は、太陽系外惑星が見つかりはじめたころから、幸いにも宇宙で観測を進めていました。実際に、太陽系外惑星の大気を調べるなど、重要な成果を上げています。

このハッブル望遠鏡の後継機となる新型の望遠鏡が、近い将来、宇宙へ打ち上げられる予定です。「ＪＷＳＴ」と呼ばれ、その鏡は約６・５メートル、ハッブル望遠鏡の約３倍です（図31中段）。すばる望遠鏡のような大きな望遠鏡が宇宙空間で稼働する日も近いでしょう。

さらに、「第二の地球」を探しだすために、究極の望遠鏡の計画もあります。これは、宇宙空間へ複数の宇宙船を打ち上げる計画です（図31下段）。宇宙船といっても人間は乗らず、その代わりに望遠鏡が搭載されています。

これらの宇宙船は、互いに連絡を取り合いながら、宇宙空間において、サッカーのように的確なフォーメーションを取りながら連携します。それぞれの宇宙船に搭載された望遠鏡は、それらすべてが同じ系外惑星を探すために観測を行なうのです。1台の望遠鏡だけでは観測が難しくても、いくつもの望遠鏡が力を合わせることで、大きな力が得られます。

これらの複数の望遠鏡は、ひとつの究極の「目」となります。それぞれの望遠鏡が得た光が、集められて組み合わされることで、1枚の撮影写真が得られるのです。このようにして、第二の地球を探すという究極の計画が検討されています。これらは、将来的に新たな「宇宙の時代」を担うものになるのでしょう。

地球外生命との交信――SETI

この章の最後では、太陽系外惑星の観測から生命やその痕跡を探す話とはうって変わって、太陽系の外の「知的生命体」が発する人工的なシグナルを探そう、ということをご紹介

図31 “究極の”望遠鏡計画

Courtesy TMT Observatory Corporation

◀TMT計画

ドーム型の巨大な建物内に望遠鏡が見える。左下の平たい部分も建物である。

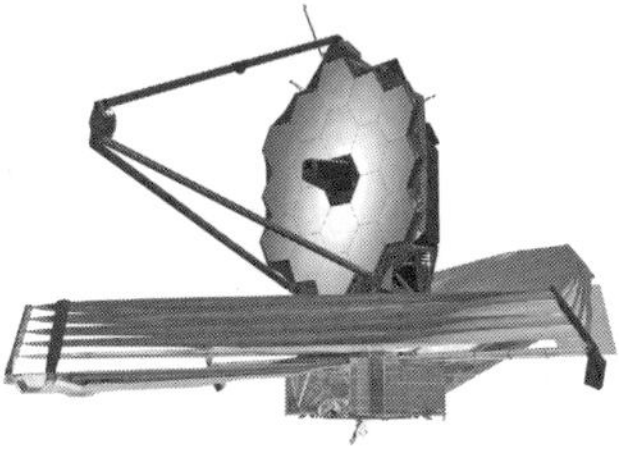

Credit: NASA

▶JWST

18枚の六角形の鏡が組み合わされている。下部は太陽光などから望遠鏡を守るシールド。

Courtesy NASA/JPL-Caltech

◀宇宙空間に浮かぶ望遠鏡の連携

します。

「宇宙人を探す」などというと、ＳＦかオカルトのように感じられるかもしれませんが、実は真面目に研究されている事柄でもあるのです。地球外の、人間のような知的な生命体を探すことは、「ＳＥＴＩ」と呼ばれています。

これまでのところは、宇宙からやってくる電波の中に、人工的な信号や合図がないか探されています。なお、地球外生命体からの信号を受信した場合の対応については、いきなり発表せずに本当かどうか国際的に検証するなどの、国際的な取り決めがなされています。

一方で、信号の「受信」ではなく、人類のほうから太陽系の外へ人工的な信号を「発信」することも考えられます。その信号によって、太陽系外の知的生命体が人類の存在に気づくかもしれません。そういった検討も実際に行なわれています。

しかしながら、太陽系の外の知的生命体が何者かは見当もつきません。人類よりもはるかに科学的な力を持っているかもしれません。

我々人類は、ある意味、銀河の辺境にひっそりと隠れているともいえます。太陽系外の知的生命体が、人類の発する信号を見つけだして、人類の存在に気づいたときに、彼らがどういう行動を起こすかはまったく予想できないのです。人類が意図的に発する信号が、地球外生命体にどのように受け取られるかも予想は困難です。

最悪の場合を想像すれば、太陽系に攻撃をかけてくる可能性もゼロではないといえます。大げさにいえば、たとえ、彼らの攻撃が地球に命中しなくても、太陽系内の惑星などに被害が及べば、太陽系のバランスが突然崩れる可能性もあります。

ひとたびバランスが崩れれば、地球を滅亡させる隕石が落ちてくるかもしれません。地球が太陽に落ちていくかもしれません。実際、地球は小さいので的《まと》としてはねらいにくく、もっと大きな的をねらうほうが確実です。太陽そのものが破壊されれば、地球は滅亡しますし、木星がねらわれれば、太陽系のバランスに大きく影響が出るおそれがあります。

「宇宙人」にロマンを求めすぎているように感じられる方もいらっしゃるでしょうが、高度な科学力と技術力を持っている現代の人類は、数百年前の人類から見れば、どのような存在に見えるでしょうか。数百年という期間は、宇宙の歴史からすれば、ごくごく短い期間です。

一方、われわれ人類のほうから信号を送るのではなく、地球外生命体から届く信号を、人類が単に受信するだけであれば、彼らが人類の存在に気づく可能性は低いでしょう。

ただし、スパムメールなどと同様に、返信するとこちらの存在が知られてしまうので、危険性が高まるおそれがあります。単に受け取るだけならば、相手はその存在に気づきにくいのです。

太陽系の外の生命との交信についていえば、現段階では、我々人類から、太陽系の外へ人工的な信号を積極的に発信することよりも、地球外生命からの地球に届く信号を詳細に調べることを優先すべきではないかと感じています。われわれにはまだ、地球外生命についての情報がほとんど得られていないためです。この地球上でさえ、大自然の奥深くに不注意に侵入したら、命を落とす危険があるのです。注意して、しすぎることはないでしょう。

とりあえず、地球の比較的近くにある系外惑星から、知的生命体が放つ人工的な信号が来ていないかを徹底的に調べることが必要でしょう。たくさんの太陽系外惑星に信号を探す中で、人工的な信号が見つかるのか、もしくは、まったく見つからないのかがひとつの焦点になります。私たち人類は、宇宙で孤独なのか、孤独ではないのか、いずれ、その手がかりが得られる日も来るでしょう。

宇宙には、さまざまな種類の星、惑星、衛星などが漂流しています。生命にとって、さまざまな環境があるのです。それらは、とても過酷な環境もあれば、地球のように生命にとっ

売上カード
祥伝社
東京都千代田区神田神保町3-6-5
〒101-8701 TEL（03）3265-2081（販売）
FAX（03）3265-9786

祥伝社新書 229

生命は、宇宙のどこで生まれたのか

著者 福江 翼

定価819円 本体780円 5%

ISBN4-396-11229-7 C0240 ¥780E

て快適な環境もあるでしょう。

それにしても、生命とは力強いものです。地球上だけを考えてみても、さまざまな環境があり、それぞれの環境に適するように進化した生命体が、それぞれの環境で生きています。宇宙にはいろいろな環境がある以上、地球の生命からは予想もできないような、多様な生命がこの広い宇宙のあちこちに住んでいる可能性は、現段階では否定できません。

私たちが知っている生命は、現段階では地球の生命のみです。これから、多くのことを調べていかなければなりません。

第6章

恐竜だけじゃない！
地球生命の大量絶滅の可能性

私たち生命が住んでいるこの地球は、宇宙空間に漂っている以上、宇宙からの、すなわち地球外からの災《わざわ》いを受ける可能性が常にあります。恐竜の絶滅が地球への巨大隕石の衝突によるものと考えられているように、その影響は地球に暮らす生命にとって危機的なものとなるおそれもあります。

この章では、そういった地球の生命に対する宇宙からの災いについてご紹介いたします。

恐竜の絶滅と巨大隕石

恐竜という現在では存在していない生命が過去、地球上で大繁栄していました。ところが、1億年以上も繁栄を続けた恐竜が、およそ6500万年前に突如絶滅してしまったと考えられています。

もう少し正確にいえば、恐竜だけでなく、他の動物や植物も含めて、大半の生命がこの時期に死んでいます。なぜこのような大量絶滅が起きたのでしょうか。

6500万年前に地球上でいったいなにが起きたのか。それは、その時代のものと思われる土砂の中に残されていた物質を詳しく調べることからわかってきました。たとえば、地球表面では本来希《まれ》なはずのイリジウムという物質が、この年代の土砂にはなぜか多いのです。一方で、このイリジウムは隕石中ではしばしば見られることが知られています。つまり、恐竜の絶滅の時期に宇宙からなにかが地球へ降ってきたことが示唆されるのです。

実際に、アメリカの南方、メキシコの東側にあるユカタン半島には、巨大な落下物の衝突の跡、すなわちクレーターの痕跡が残されています。その直径はおよそ200キロメートルにも及びます。

この巨大な衝突の跡は、直径およそ10キロメートルもの巨大隕石が落下したことによるものと考えられています。その威力は原子爆弾1億個分を超えます。落下地点周辺は吹き飛ばされ、付近の生命や物質はひとたまりもなかったでしょう。

その衝突エネルギーはすさまじく、巻き上げられた塵などによって地球全体は覆われてしまったと考えられています。塵やすすなどは太陽光を遮ってしまうため、地球の温度は下がってしまったでしょう。

また、大量の硫黄物質も巻き上げられたと考えられており、太陽光を遮ったり、酸性雨につながったりしました。さらに、大地震や大津波が生命に襲いかかったことは想像に難《かた》くありません。

隕石の落下地点から運よく離れていたり、その後の環境の変化についていけた生命はいました。しかしながら、太陽光が十分届かなくなってしまった結果、植物は光合成が抑制されてしまい、大量に死んでしまいました。

自然界の食物連鎖を思い起こすと、たとえば、ある動物が日頃から食べ物としていた植物や動物が先に死滅してしまえば、その動物が食べるものはなくなってしまうおそれがあります。

自然界では、人間とは大きく異なり、ある動物が移動できる範囲は限られています。車のような便利な乗り物はありませんし、コンビニもありません。また、自分の身長よりも高い位置にある植物は食べることは難しいですし、ある動物が狩ることができる他の動物は限られています。つまり、日頃から食べている動物や植物が突然消え去ってしまった場合、代わりの食べ物を探すのは非常に困難であり、自然界では生命にとって非常に危機的な問題となるのです。

食料不足になることは容易に予想されます。結果、後を追うように、ドミノ倒しのように次々と地球上の生命が死んでいったことが推測されるのです。

巨大隕石の落下により、地球の気候や生命環境が大きく変えられてしまった結果、多くの生命が死滅してしまったのです。それでも生き残った生命の一部が現在の生命につながっていると考えられます。

地球上の生命の大量絶滅は繰り返し起こってきた

地球上には、過去、恐竜をはじめとして、現在では存在しない生命が暮らしていました。自然淘汰《とうた》の中で絶滅する生命もいたでしょうが、地球上の生命が突然に大量絶滅したことは、前述の恐竜の例だけでなく、過去に何度もあるようなのです。

このことは、過去、なんらかの異常事態が地球上で何度も起こってきたのではないかと想像させます。これまで大量絶滅が何度も起こっているのであれば、今後もまた起こるのでしょうか。人類の将来にとっても重大な問題です。

地球上の過去の生命の歴史を調べるひとつの方法は、たくさんの化石を詳細に調べることです。ある生命が絶滅した時期は、化石の大規模な調査から推測されます。過去のある年代以降の化石の中に、ある生命の化石が見つからなくなれば、その生命はその年代の前に絶滅したのだろうと考えられます。

たとえば、恐竜が約６５００万年前に絶滅したと考えられているのは、６５００万年前までの恐竜の化石は見つかるのですが、それ以降の恐竜の化石が見つからないからです。もちろん地球上の「すべての」化石を我々は発掘しているわけではありません。そのため、化石から絶滅状況を調べる際には慎重に研究が進められています。

これまでの研究では、地球上の生命が大量に絶滅したと考えられる時期が何度もあることが示唆されています。

大量絶滅の原因は「太陽の双子の星」？

さて、その大量絶滅の時期についてなのですが、過去に何度も起きていたばかりではなく、さらに、「定期的に」起こっていたのではないかという説が数十年前からあります。海中の動物などの化石から、過去の絶滅状況を調べたところ、だいたい２７００万年ごとに大量絶滅が起こっていたのではないか、という研究が発表されています。

かなり議論のある説ではあり、今後の進展が待たれますが、もし本当なのであれば、なにか特別な原因があると考えられます。そして、地球上に再び大量絶滅の危機が訪れることが強く予想されます。

なぜ大量絶滅が定期的に起きうるのでしょうか。ひとつの有力な可能性は、巨大隕石や大量の隕石などが定期的に地球に落下してくる可能性です。

まず、太陽系の外部には、岩石や氷などでできた小さなかたまりが散らばっています。それらが、「なにか」の重力によって運動の向きが変えられて、太陽系中心部へ向かって落ちてくることがあります。その中には地球に衝突して大量絶滅を引き起こすものもあるかもしれません。

地球に対して隕石による爆撃が定期的に起こるということならば、太陽系の外側にある

「なにか」が重力的な影響を定期的に及ぼしているのではないか、と考えられます。定期的に影響を及ぼすということから、その「なにか」は、同じ場所をぐるぐるまわっているのではないかと予想されます。

太陽系でそういった運動を起こす可能性のあるものを考えていくと、惑星のように太陽の周りをぐるぐるまわっていると推測されるわけです。大量絶滅の定期期間は非常に長いので、おそらく太陽から（地球からも）遠く離れたところでゆっくり動いているのでしょう。

1984年には、実は太陽には双子の星が存在しており、太陽系のずっと外側に、その双子の星がまわっているのではないか、というアイデアが提案されました。

この仮説上の星は「ネメシス」と名づけられ、このネメシスが重力的な乱れを引き起こして、太陽系の外側から太陽系内部に向かって彗星をたくさん落としてくるのではないか、と考えられたのです。

現在の宇宙科学においては、太陽は双子星ではなく単独の星であるとしてさまざまな理論が構築されていますから、万が一、双子星であったとすれば、生命の大量絶滅の問題だけでなく、宇宙科学的にも非常に大きな問題です。

仮説上の星、ネメシスについては、その存在は現段階では確認されていません。研究者の間では激しい議論があるところです。重力的な影響を及ぼすためには重たければよいので、星というよりはむしろ巨大なガス惑星のような可能性も考えられています。大量絶滅の定期性やその原因と共に、よくわかっていない問題です。

観測上の問題としては、太陽系の外側は地球から遠いため、また、太陽の光が届きにくく暗いことなどから、どうしても地球からの観測が難しくなってしまう点が挙げられます。そのため、これまでの観測システムでは、太陽系の外側にネメシスのようなものが存在していたとしても、見つけられない可能性があります。

太陽系における人類の調査の最前線は、実はまだ太陽系の端まで到達しているわけではないのです。宇宙の端がどうなっているのかとはよく聞かれますが、私たちが住んでいる太陽系の端ですら、まだまだ不思議がいっぱいなのです。

今後、大規模な望遠鏡計画や、探査機の計画が予定されていますから、それらの成果でさらにいろいろなことがわかってくるでしょう。

惑星への落とし物——シューメーカー・レビー第９彗星

最近、巨大隕石が地球に落下するかもしれないという話題を聞くようになっています。このようなテーマの映画も公開されていました。地球の生命にとっては危機的な状況をもたらす可能性もありますから、われわれ人類にとっても非常に気になる問題といえます。

実際に現在でも、惑星への大規模な物体の落下は起こっています。

１９９４年に起きた、シューメーカー・レビー第９彗星の木星への衝突落下は非常に有名です。このときにはハッブル宇宙望遠鏡が稼働していたことなどもあって、ガス惑星に彗星が衝突すればどうなるか、人類史上初めて詳細に観測が行なわれる機会になりました（図32）。

彗星は木星の重力によって引き裂かれ、最終的にはおよそ20個の破片となり、散開しながら、木星へ降り注ぎました。ハッブル宇宙望遠鏡によって、破片群の落下の跡が、木星の端から端まで点在していることが写しだされました。落下地点では木星大気中の物質が噴出し、およそ３０００キロメートルの高さにまで巻き上げられました。４キロメートル弱の高さしかない富士山の比ではありません。

また、大気中に発生した波は秒速約４５０メートルもの速さで広がりました。これは、およそ時速１６００キロメートルに相当します。新幹線の速度がせいぜい時速３００キロメートル程度ですから、とてつもない速さです。

図32　シューメーカー・レビー第９彗星の木星への衝突

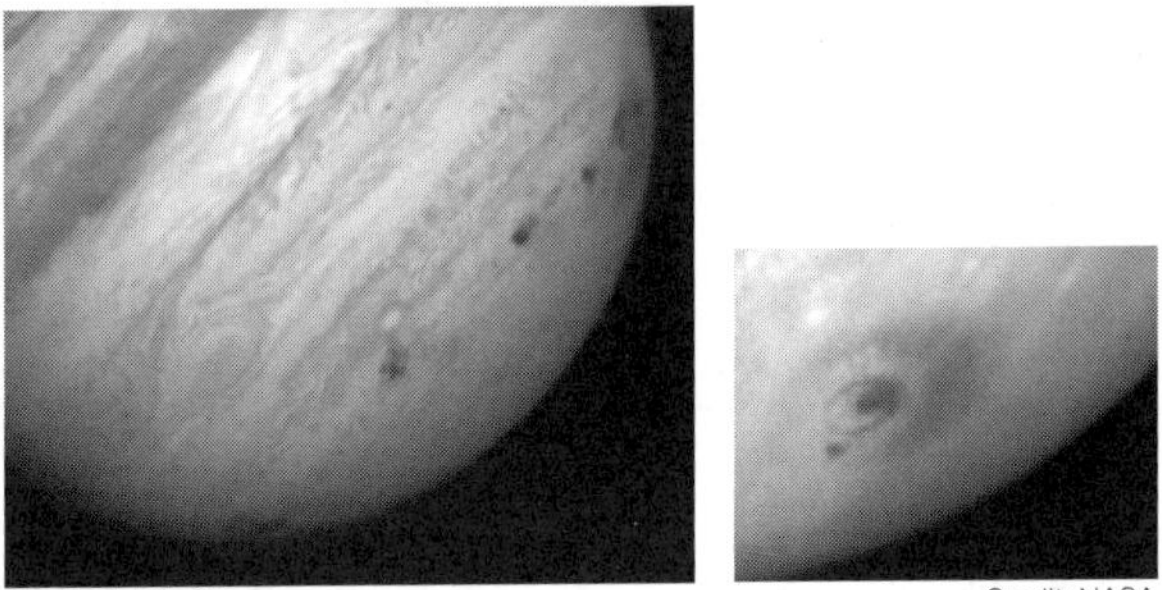

Credit: HubbleSite　　Credit: NASA

（左）複数の破片の衝突の跡が、木星の端から端まで点在している（黒い部分）。
（右）衝突の跡の拡大図。衝撃波のようなものが広がっている。

これだけ強烈な現象が現在も太陽系で起こっているのです。なお、最近でも２００９年に木星へ小惑星が衝突落下したことが観測されています。

将来、巨大隕石は地球へ落ちるのか？

今日でも、地球の生命に大きな影響こそ与えてはいませんが、隕石などの（小さな）物体は地球へ落ちてきています。

　地球表面で人間が隕石として認識できるほど大きなものはわずかなため、少々驚きなのですが、毎日10万キログラム以上もの物質が地球へ降り注いでいると考えられているのです。

　将来、地球上の生命を危機に陥《おとしい》れるよう

な、巨大な隕石が地球へ落下してきてもなんら不思議ではありません。

太陽系にある物体が、将来どのように宇宙空間を移動していくかを予測するためには、その物体の詳細な観測を行ない、太陽や惑星などの重力や太陽からの放射光の影響などを考慮しながら、コンピューターによる慎重なシミュレーションが必要になります。場合によっては時空の歪みや惑星の形の歪み（惑星は必ずしも完全な球体ではない）など、より細かい問題まで考えなければなりません。

このように予測には非常に煩雑《はんざつ》な計算が必要となり、紙と鉛筆だけでは限界がありました。しかし、近年の望遠鏡やコンピューターの発達により、誤差はありますが、予測が可能になってきています。

地球に接近する可能性があるものとして2004年から話題になっているのはアポフィスという小惑星です。NASAのウェブページには地球との衝突確率の計算結果が掲載されています。およそ、0・0007％です。アポフィスが14万回飛んでくれば1回地球にぶつかるぐらいですので、今のところ地球へ衝突する確率は小さいです。

一方で、2009年に発表された研究によると、アポフィスとは別の物体が、来世紀に地球に衝突して地球に被害を及ぼすかもしれないとのことです。

実は、太陽系には（惑星より小さな）物体は無数に存在しており、それらすべてが把握されているわけではありません。また、たくさんの物体の間での、重力の相互作用は複雑な問題です。

たとえば、地球に向かっている物体が、別の物体とすれ違ったならば、物体の持つ重力によりお互いに引き合うため、わずかに進行方向がずれるかもしれません。宇宙空間は非常に広いので、進行方向のわずかなずれは、物体が進めば進むほど、到達地点の大きなずれにつながってしまいます。移動時間が長くなれば、物体の形状や表面の特徴などに起因する効果もしだいに影響を強めていきます。

しかも、地球に落ちるかもしれない物体は、現段階では、たいてい地球から遠く離れています。そのため、地球上からでは詳細な観測が難しく、データが十分ではありません。

天気予報が完全に当たらないのと同様に、現在の予測には限界があります。今後の新たな観測情報などによって、衝突確率は下がることもあれば上がることもあるでしょう。裏を返せば、突然、地球に向かってくる物体が認知されることもあるといえます。そのため、世界各国で地球に近づく物体の監視が行なわれているのです。

100年前には、地球への隕石落下については、予測もなにもできない状況でした。しかし、現在は予測や監視が徐々にできるようになってきています。無数にある太陽系の物体の中で、地球に近づいてきて悪影響を及ぼす可能性のあるものを把握しておくことは、その後の詳細な観測計画や監視体制の整備による危機管理のためには非常に重要なのです。

心配事が増えたようにも思いますが、地球上の生命の危機をどのように回避するのか、対策を考えておくことは有益なことといえます。

太陽と地球の最期は――星の寿命と道連れにされる生命

太陽の周りを地球はまわっています。太陽からの光のおかげで、地球は適度に暖かく、昼と夜が毎日繰り返されています。このような環境は永遠に続くのでしょうか。

太陽は現在、太陽の中心部において、原子核融合が起きていることで光っています。核融合の際、4個の水素が1個のヘリウムに変わります。太陽にはまだ大量の水素があるのですが、核融合が長い間続くとヘリウムがしだいに増えていきます。たとえていえば、水素を燃やしつづけた結果、ヘリウムの灰が太陽内部にどんどん積もっていくわけです。

その結果、太陽内部のバランスが崩れてしまい、今からおよそ50億年後、太陽は膨張を始めると考えられています。そうなれば、太陽の近くにあるものは、次々に飲み込まれてしまう可能性があります。

太陽系の8個の惑星のうち、どの惑星までが飲み込まれるのかを明らかにするためには、太陽が今後どのように変化していくかや、惑星の位置が今後どのように変化していくかなどを突き止めなければなりません。

これについては、現在もコンピューター計算などを駆使して研究が進められており、地球の最期についても議論が続いています。ある研究によれば、地球も膨れあがる太陽に飲み込まれ、蒸発してしまうとされています。この際に地球に生命が存在すれば、道連れになってしまうでしょう。

太陽亡き後の残骸

太陽の1度目の膨張の後、以前の水素の核融合の代わりにヘリウムの核融合が始まるため、いったん太陽は収縮します。しかし、燃料には常に限りがありますから、再び太陽内部のバランスが崩れて、太陽は2度目の膨張を迎えると考えられています。

外側の大気をかなり失いつつ、最終的に、太陽の残りカスの小さな星が残されます。この燃え尽きた星は、白色矮星《はくしょくわいせい》と呼ばれています。死にゆく太陽のそばで、たとえ太陽に飲み込まれることなく運よく地球が生き残ったとしても、それまでの太陽はなくなってしまいます。生命にとっての環境は激変してしまいますから、概して危機的な状況には変わりないでしょう。

さらにいえば、太陽の大きな変化により、周囲の惑星や小惑星などは、その運動が不安定になり、その位置が大きく変わってしまう可能性もあります。中には白色矮星に近づきすぎて、その重力によって破壊されるものもあるかもしれません。その残骸である塵が白色矮星の周囲に散らばっていれば、赤外線を放射することになります。

ところで、私たちの太陽は最終的に白色矮星になると考えられていますが、宇宙にはたくさんの太陽と似た星が見つかっており、そして、白色矮星もたくさん見つかっています。こういった白色矮星の周囲に、惑星などの残骸からの赤外線がないか観測が進められています。実際に、白色矮星から赤外線が見つかっており、小惑星などが破壊された残骸ではないかと報告されています。

惑星の「断末魔」

この広い宇宙では、実際に惑星の終焉《しゅうえん》が起こっているのでしょうか。

太陽とは別の星ですが、２００２年、一角獣《いっかくじゅう》座に位置する星から原因不明の不気味な明るい光が突発的に発生したことが観測されました。この原因については多数のアイデアが提案されており、議論が続いています。

ある研究によれば、巨大な星の膨張に周囲の惑星が次々に飲み込まれ、そのことによって断続的に明るくなったのではないかと推測されています。

この研究では、星に飲み込まれる惑星はすぐに蒸発するわけではなく、星の中にさらに落ちていき、そのことによる重力エネルギーと核エネルギーの放出によって明るくなっていると考えられています。まさに、惑星の断末魔といえます。

さらに、宇宙では、惑星が少しずつ死にゆく状況も知られています。２００３年にハッブル宇宙望遠鏡によって、星のすぐそばをまわっている系外惑星から大気がたくさん流出している様子が発見されています。その様子は、あたかも巨大な彗星のようです。

大気の流出の原因についてはいくつもアイデアが提案されていますが、そのひとつとしては、惑星がすぐそばの星に熱せられて蒸発しているということが考えられています。この例のように、惑星は必ずしも安定して存在しつづけるわけではありません。

さて、この例を参考に、将来的に太陽が膨れあがり、地球のそばまで膨れあがったら地球はどうなるかを再度考えてみましょう。コンピューター計算によっては、太陽が膨れあがっても地球は運よく飲み込まれない可能性も示されています。

しかし、地球がたとえ飲み込まれなかったとしても、すぐそばまで膨れあがった巨大な太陽によって、地球は蒸発、あるいは溶けてしまうかもしれません。そうなると、おそらく多くの生命は絶滅してしまうでしょう。場合によっては、地球そのものはなんとか残っても生命は完全に絶滅しているかもしれません。

この宇宙では、太陽のような星が膨れあがり、惑星を灼熱の地獄に落とし込み、もしくは惑星を飲み込むなどして、惑星や生命の世界が滅ぼされるということが実際に起こっていると思われます。

太陽はまだ寿命が50億年ぐらい残されていますから、地球上の生命にはまだまだ準備する時間はあります。太陽系の末路において、生命はどのような手段をもって、どういった選択をするのでしょうか。

終章

私たち生命を形作る物質は、どこから来て、どこに行くのか

宇宙の始まりと循環宇宙

この宇宙が始まった当初は、生命を形作っているアミノ酸などの物質は存在しませんでした。私たちを形作っている物質はそもそもどこから来たのでしょうか。この最後の章では、この宇宙における物質の創世と物質の循環についてご紹介します。

私たちの住んでいるこの宇宙は、過去にせよ未来にせよ、永遠に、常になにも変化しない「入れ物」のようなものではありません。宇宙にはたくさんの銀河が存在していますが、望遠鏡を用いて遠くにある銀河が詳しく調べられました。

すると、それらの銀河は、もれなく地球から遠ざかっていることがわかったのです。しかも、より遠くにある銀河ほど、より速く遠ざかっていることがわかりました。これらのことなどから、現在の宇宙は膨張していることが示されています。

しかも、現在の宇宙の膨張は加速されていると考えられています。この原因として、暗黒エネルギー（ダークエネルギー）と呼ばれる謎のエネルギーが、10年ぐらい前から考えられるようになってきました。いまだにその正体ははっきりとしていません。

さて、宇宙が膨張しているならば、過去の宇宙に時間をさかのぼっていくと、宇宙は逆に収縮していくことになります。宇宙にはたくさんの銀河や星、惑星などがあるのですから、宇宙が縮小して狭くなれば、ぎゅうぎゅう詰めになっていくでしょう。これは、第2章で紹介したような、塵やガスが集まって収縮した結果、星が生まれるというのと似たようなことになります。つまり、どんどんぎゅうぎゅう詰めになるにつれて、宇宙は高温・高圧になっていきます。

およそ137億年前、宇宙は、超高温・超高圧の世界であったと考えられています。宇宙が超高温・超高圧であるために、宇宙の物質は、ばらばらになり電離してプラズマ状態になりました。光ですらそのプラズマの中に閉じこめられていました。光が出てこられないため、従来の望遠鏡では観測が不可能です。そのため、宇宙の始まりはいまだ謎に包まれています。

宇宙の最初の状況はまだよくわかっていませんが、最初はきわめて小さな「ゆらぎ」にすぎなかった宇宙が、ほんの一瞬で急激に膨れあがり、前述の超高温・超高圧の宇宙になったのではないかと考えられています。宇宙の始まりから1秒もかからない一瞬の出来事です。

当初、超高温・超高圧であった宇宙は、膨張するにつれて温度が低くなっていきました。プラズマになっていた物質は、現在のような普通の物質となりました。宇宙空間に散らばっていた普通の物質がところどころで集まっていって、その後、星や惑星につながっていきます。

ところで、この広い宇宙空間に浮遊している普通の物質は、この普通の物質が持つ重力だけで集まっていったわけではないと考えられています。これらの普通の物質がどのように集まるかについて大きな影響を担っているものとして、暗黒物質（ダークマター）と呼ばれる謎の物質が考えられています。

暗黒物質は、星や惑星などを形作っている普通の物質とは異なるものですが、その正体はまだよくわかっていません。宇宙の初期において、クモの巣のように宇宙空間に分布していた暗黒物質に、普通の物質が、暗黒物質の重力によって引き寄せられて集まることで、星が生まれ、銀河が生まれてきたのではないかと考えられています。

なお、最近の観測からは、全宇宙の内容物のおよそ76％が暗黒エネルギーであることが示されています。暗黒物質の占める割合が約20％です。そして、普通の物質、つまり星や惑星、宇宙に漂う塵やガス、そして生命を形作っている物質などが占める割合は、全宇宙ですべて足し合わせたとしても、約4％程度しかないと見積もられています。この宇宙は、その正体は不明ですが、謎の物質とエネルギーがいっぱいあるようなのです。

さて、現在の宇宙が生まれた当初は、水素やヘリウム（あとは少量のリチウム）という軽い元素しか生まれなかったと考えられています。物質のもとである元素の現在知られている種類は100個を超えていますが、その中でも最も軽い2種類の元素、すなわち水素やヘリウムが大量に存在していたということです。

たとえばアミノ酸には、水素やヘリウムよりも重たい元素である炭素などが必要ですから、宇宙が生まれた当初にはアミノ酸は存在できなかったわけです。水も、酸素という重たい元素が含まれていますから存在できません。岩石などが必要な惑星も存在することはできませんでした。実際には、私たちが日常目にするたいていのものが、水素やヘリウムよりも重たい元素を含んでいます。これらはすべて、宇宙が生まれた当初には、まったく存在できなかったのです。

こういった重たい元素は、現在の宇宙が生まれた後、星が生まれ、星の内部で作られてきたと考えられています。星の中は高い温度と密度になっており、元素の合成（核反応）によって、別の元素を作りだすことができるのです。また、星の種類によって作りだされる元素の種類は異なります。

星は内部の燃料を使って光っていますが、燃料がなくなれば寿命を迎えます。太陽のようなタイプの星が寿命を迎えると、その星の大気は宇宙空間に散らばり、星の内部にあった物質を宇宙空間へまき散らすことになります。中心には「白色矮星」と呼ばれる灰になった星が残されます。

太陽よりもずっと重い星は、その星の寿命が尽きたとき、星そのものが大爆発を起こします。これは超新星爆発（ここでは重力崩壊型超新星爆発）と呼ばれ、全宇宙においても特に強烈な大爆発のため、はるか遠くに離れた場所で起きても地球から観測できるほど明るく光ります。

このきわめて大規模な爆発においては、太陽のような軽い星では実現できないような超高温度・高密度の環境が生みだされます。このことにより、さらに多様な元素が生みだされ、爆発によって宇宙空間へばらまかれています。なお、超新星爆発の後にはブラックホールや中性子星といった極限の天体が残されます。

この宇宙では、ある星が寿命を迎えるたびに、その星で作られた元素が宇宙空間へばらまかれているのです。なお、これらの状況は実際に望遠鏡で観測されています。

物質は、ある特定の色の光を吸収したり放出したりする性質があります。何色の光を吸収したり放出したりするかは、物質の種類によって決まっています。この性質を望遠鏡観測に利用して、たとえば死んだ星の残骸の色を詳細に観測すれば、どういった物質がまき散らさ

図33　宇宙における物質の循環

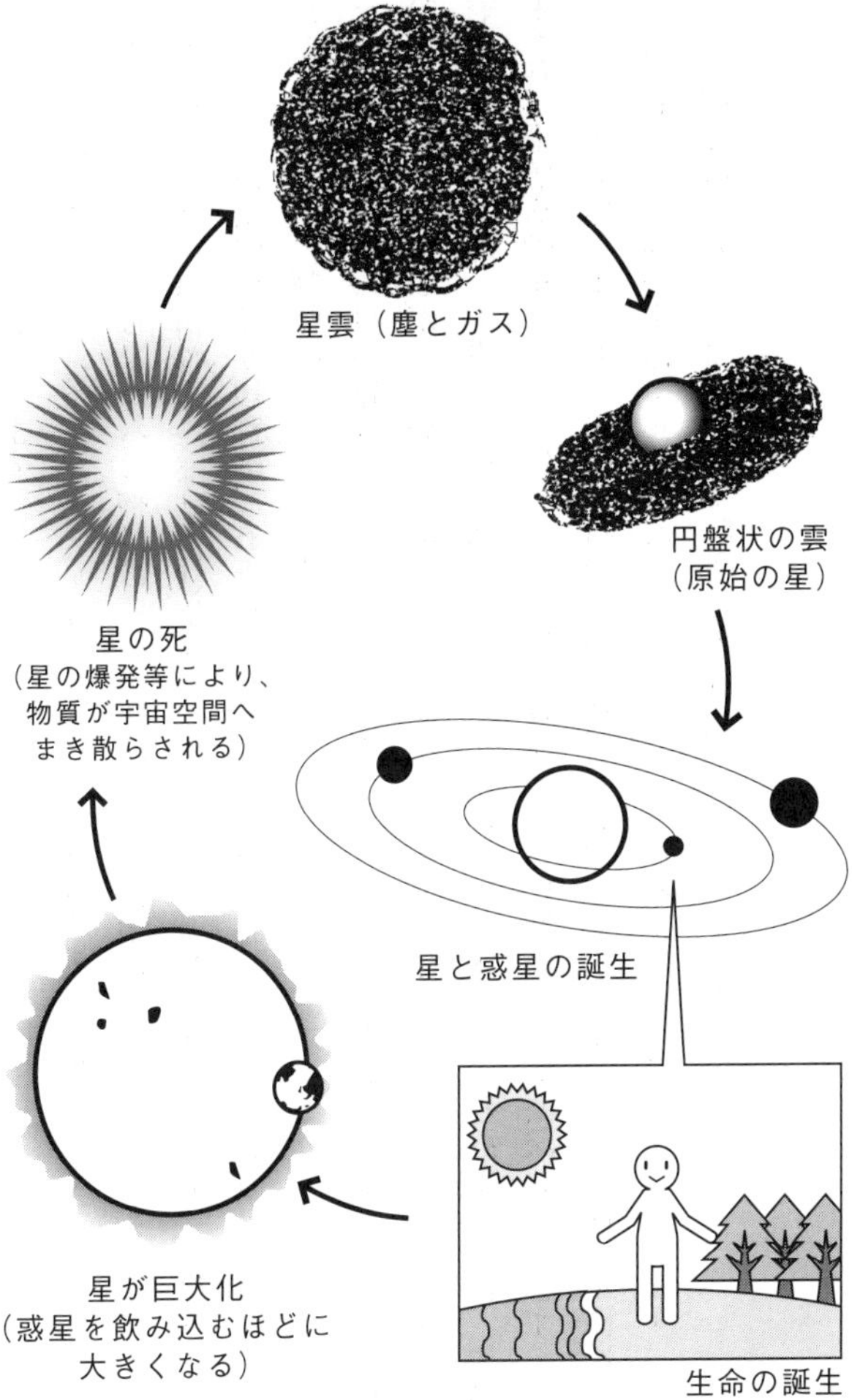

れているかが実際に確認できます。

星や惑星は、もともとは宇宙に漂うガスや塵が重力などによって集まってできたものです。星の死によってばらまかれた物質は、その星の死と共に宇宙での役目を終えるわけではありません。それらの物質の一部は再び集まり、新たな星や惑星（そして生命）の材料になるのです。宇宙空間に漂う物質は、あるときは集合して星や惑星となり、あるときは星の死と共に宇宙空間へ再び離散《りさん》していきます（図33）。

このような宇宙における循環の中で、ある惑星上では、液体の水がものを流し、風がものを吹き飛ばすなどしながら、惑星表面の物質を循環させています。また、液体の水が蒸発して雲ができ、雨が降って再び液体の水となりながら循環しています。ある惑星上では、生命が生まれ、生殖活動を行ない、死と共に土に還りながら、自然界の中で循環しています。

ひとつの生命体の中でも、生命維持のために物質が循環しています。また、他の生命を食べたり、もしくは別の生命に食べられたりしながら、食物連鎖において循環しています。

この宇宙では、さまざまな規模で物質の循環が繰り返されているのです。

今後の宇宙生物学の展望

宇宙生物学に関わる現象は幅広く、また、生まれたばかりの学問ですから、これからいっそうたくさんのことが明らかになってくると期待しています。その中でも、特に以下のことが期待されます。

まず、はやぶさ探査機のような、太陽系内の探査が挙げられます。太陽系の惑星や衛星、彗星、その他の小さな物体を含めて、探査機を現地まで派遣するのです。惑星などの上空から、もしくは実際に着陸して、現地にて写真やビデオ撮影を行なって、未知の世界を明らかにしてほしいと期待しています。

また、惑星や衛星などには、どのような物質があるのかを現地で調査して、場合によっては、はやぶさ探査機のように地球まで、惑星や衛星などの物質を持って帰ってきてほしいと思います。

次に、太陽系の外の、生命がいそうな場所の探査です。

太陽系外惑星、また、太陽系外惑星の周りの衛星（太陽系外衛星）などについては、実はこれまでの観測では、詳しいことがまだわかっていません。太陽系外惑星上にどのような物質が存在しているのか、それらは太陽系の惑星と似ているのか、似ていないのか、よくわかっていないのです。さらに、惑星の誕生現場についても、どのような物質がどのように分布しているのかなどはまだはっきりしていません。

しかしながら、今後は、すばる望遠鏡のパワーアップや、すばる望遠鏡よりも巨大な望遠鏡などの計画が予定されています。ハッブル望遠鏡のように宇宙空間へ望遠鏡を打ち上げる計画もあります。これらの次世代の望遠鏡は、前世紀までの望遠鏡とは桁《けた》違いの性能を持っています。新たな発見が次々に行なわれると期待されます。

そして、もうひとつの大切なことは、宇宙における生命のタイプの多様性の探究です。私たち地球の生命を形作っている重要な物質は、アミノ酸から成るたんぱく質や液体の水でした。しかしながら、地球外の生命を形作るのは、たんぱく質や水とは限らないかもしれません。

地球上の環境とは異なる環境が、宇宙にはたくさんあります。そういった環境では、地球とは明らかに異なったタイプの生命が存在する可能性もあります。生命のタイプが多様であるならば、それぞれの起源もさまざまであるのかもしれません。もしくは、生命のタイプは異なったとしても、なにか大きなきっかけが生命の誕生にはいつも欠かせないのかもしれません。

これらを解明するために、太陽系内の惑星や衛星などの、生命や物質の探査、地球上の生命や物質のさらなる調査などが期待されます。太陽系外惑星など、太陽系の外にある物質の性質を詳しく理解することも必要です。また、実験によって生命や生命に関わる反応を詳しく調べたり、コンピューターによる仮想世界において、さまざまな「人工」生命のシミュレーションを行なうなど、幅広い観点から生命の多様性が調べられていくと思われます。

なお、地球外の生命や生命を取り巻く宇宙環境などの理解は、私たち地球の生命が、いったい何者であるのか、という根源的な問題に、私たち人類が改めて直面する機会になるでしょう。

英語や古語を勉強することで、現代の日本語がどのようなものなのかがよりよく理解できるように、地球外の生命を理解することで、私たち地球の生命のことが、より深く理解できるようになると期待されます。

そして、私たち地球の生命はどのような存在なのか、どこから来て、どのように進化し、将来どのような出来事に関わっていくのか、私たち人類をはじめとする地球の生命に関わるたくさんのことが、宇宙生物学を通じていっそう明らかになっていくと、強く期待しています。

あとがき

およそ100年ぐらい前、自然現象の基礎が次々に明らかになった時代がありました。我々が普段目にしている世界と比べて、ずっと小さな世界での現象（量子力学）が次々に解明されました。同時期に、アインシュタインを中心に、時間と空間の科学（相対性理論）が打ち立てられました。この時代は、電気や磁気の現象（電磁気学）が明らかになった時代の後に続いたものです。

このように、100年ほど前の数十年間、現代の科学と技術の基礎となる理論物理学や実験が集中的に打ち立てられていきました。次から次に「新しい」ことが明らかにされる非常にエキサイティングな時代であったろうと思います。

大学で理論物理学を学んでいた著者は、そんな時代をうらやましく感じていたものです。これらの理解には、厳密な数式の理解が必要ですから、何枚もの紙にわたって長い長い式の変形を続けていたのを覚えています。

しかし、たくさんの物質や要因が相互に作用するような問題、つまり日常私たちが感じているほとんどの現象については、数式を変形しながら解くことは一般にはできません。そのため、100年ほど前の当時の技術では取り扱いに限界がありました。

たとえば、生命の体温や生命が住めるような環境は、物理学からすれば、温度が非常に中途半端です。このような中途半端な温度では、物質は多くの相互作用をしながら多様な現象を引き起こします。非常に煩雑で複雑な現象であるため、100年ほど前の当時の技術では取り扱いが難しく、事実上、手がつけられないものでした。

100年ほど前というと、ずいぶん昔に感じられる若い方もいらっしゃるかもしれませんが、平均寿命も四捨五入すればだいたい100年です。ついこの前の話です。

現在は、特に技術面での発展がすさまじく、実験で取り扱える環境や精度が圧倒的に進歩しています。

もうひとつ重要な進歩は、デジタル技術、特にコンピューターの発展です。人間だけの力では取り扱えなかった問題を、コンピューターによるシミュレーション（コンピューター上での数値的・仮想的な実験）として、研究が行なえるようになったのです。たくさんの物質や要因が関係する問題、つまり身近な現実に起こっている問題への応用が見えてきました。

このように、実験やコンピューターの発展が、物質の理解を飛躍的に進め、物質の多様な相互作用から成り立つ生命の理解を進めることに大きな貢献をしています。実験精度の向上は、小さな世界での物質の振る舞い、たとえば「ナノ」と表現されるような現象の理解も推し進めました。バイオの時代とかマテリアル・物質科学の時代とかいわれるのはこういった理由です。

そして、人類は地球の重力を振りほどき、宇宙へ飛び出して、宇宙空間における直接の探査を行なえるようになりました。月に人間が降り立ち、宇宙空間には人工の宇宙基地が作られ、実際に人間が生活しています。たくさんの探査機が木星など、地球とは別の惑星などへ派遣され、調査を続けています。「はやぶさ探査機」の活躍もそのひとつです。

一方で、高精度な望遠鏡の技術開発の成功により、天体の現象が詳細にわかるようになり、また、地球からずっと離れた天体現象も理解できるようになってきました。太陽系外惑星が直接観測されはじめているのも、技術の進歩のおかげです。

これらのことから、太陽系内で起きている現象と、太陽系の外で起きている現象とを比べることができるようになってきています。宇宙における現象の理解が飛躍的に進展しようとしています。

少なくとも今後数十年の間は、物質の理解、生命の理解、コンピューターを用いた科学、そして、宇宙の科学がおおいに進むのではないかと期待されています。たくさんの要素がからみ合う複雑な問題に、科学と技術の進歩と共に、真正面から向き合える時代になりつつあります。これは、まさに100年前の、基礎的な理論物理学の発展の興奮に似ているように思えるのです。

そして、こういった複雑な問題を取り扱えるようになったということは、物理、化学、生物、地学などのような、個々の「専門分野」ごとに発展してきた理解を、ひとつの大きな理解にまとめあげることができる可能性を生みだしているのです。

自然科学にはたくさんの専門分野がありますが、それらは良い意味でも悪い意味でも、ばらばらです。それらの個々の分野は、人間が理解しやすいように、人間が勝手に自然現象を分類してきたにすぎません。

ある意味、人類の自然に対する理解は、専門分野に分類されることで、ばらばらになってしまった感があります。ばらばらになってしまったパズルのピースから、まったく見たことも聞いたこともないような完成図を予想することは容易ではありません。人類のばらばらになってしまった知見を、どこかのタイミングでまとめなければならないでしょう。

少なくとも以前は、まとめようにも、まだ科学や技術のレベルが追いついていませんでした。しかしながら、現在は人類が新しい段階に入りつつあります。これからの数十年で、これまでの人類の知見が、なにか統合的な大きな理解につながっていくのではないか、と強く期待しています。

このような、ばらばらになってしまった人類の知見をまとめあげていく上で、宇宙生物学という総合的・学際的な学問の誕生は、歴史的な必然であり、大きな可能性を秘めていきます。

宇宙生物学には、たくさんの現象が関係している生命の起源の問題をはじめ、多くの自然科学の分野が関わっています。

宇宙生物学はまだ生まれたばかりの新しい学問です。国際的にもますます勢いを増していきます。そして、今世紀は、まだ90年ほど残されています。今世紀の科学や技術は、前世紀に推し進められた科学や技術を基礎として成り立っています。今世紀中にそうとう多くのことがわかってくるだろうと思います。それらの成果の多くが、宇宙生物学へ関わってくるだろうと、今から楽しみでなりません。

本稿の執筆にあたっては、大阪教育大学の福江純教授に有益なコメントをいただきました。また、掲載図のクレジット表記がある画像については、記載の各機関から引用させていただきました。ここに厚く御礼申し上げます。

本書を通じてみなさまに、科学のおもしろさを楽しんでいただけたなら幸いです。

P. Michel *et al.*, Icarus, 200, 503 (2009)

A. Yeghikyan & H. Fahr, A&A, 425, 1113 (2004)
D. R. Gies & J. W. Helsel, ApJ, 626, 844 (2005)
S. Yabushita & A. J. Allen, MNRAS, 238, 1465 (1989)
N. J. Shaviv, New Astronomy, 8, 39 (2003)

S. S. Vogt et al., arXiv:1009.5733 (2010)

N. Fujii, Orig Life Evol Biosph 32, 103 (2002)
N. Fujii & T. Saito, The Chemical Record, 4, 267 (2004)
N. Fujii, Biol. Pharm. Bull. 28, 1585 (2005)
S. Fuchs *et al.*, Molecular Genetics and Metabolism 85, 168 (2005)

L. J. Greenhill *et al.*, ApJ, 481, 23 (1997)

A. Colaprete *et al.*, Science, 330, 463 (2010)
D. P. Glavin *et al.*, Meteoritics & Planetary Science, 43, 399 (2008)

K. R. Rybicki & C. Denis, Icarus, 151, 130 (2001)
A. Retter & A. Marom, MNRAS, 345, 25 (2003)
K.-P. Schröder & R. Connon Smith, MNRAS, 386, 155 (2008)
A. Vidal-Madjar *et al.*, Nature, 422, 143 (2003)
C. Melis *et al.*, ApJ, 722, 1078 (2010)
A. Sánchez-Lavega *et al.*, ApJ, 715, 155 (2010)
H. B. Hammel *et al.*, Science, 267, 1288 (1995)
H. B. Hammel *et al.*, ApJ, 715, 150 (2010)
A. Milani *et al.*, Icarus, 203, 460 (2009)
J. D. Giorgini *et al.*, Icarus, 193, 1 (2008)
D. M. Raup & J. J. Sepkoski, PNAS, 81, 801 (1984)
A. L. Melott & R. K. Bambach, MNRAS, 407, 99 (2010)
P. Schulte *et al.*, Science, 327, 1214 (2010)
L. Iorio, MNRAS, 400, 346 (2009)
M. A. Sephton, Nat Prod Rep, 19, 292 (2002)
F. D. Ciccarelli *et al.*, Science, 311, 1283 (2006)
J. Bailey *et al.*, MNRAS, 386, 1016 (2008)

〈参考文献〉

主な参考文献は以下のとおりである。括弧内は発表年。

T. Fukue, arXiv:1009.6169 (2010)
T. Fukue *et al.*, Origins of Life and Evolution of Biospheres, 40, 335 (2010)
T. Fukue *et al.*, The Astrophysical Journal Letters, 692, 88 (2009)
福江翼, 田村元秀, 神鳥亮　天文月報 2010 年 11 月号, 680
B. Alberts ほか『細胞の分子生物学』NEWTON PRESS (2010)
伊藤明夫『はじめて出会う細胞の分子生物学』岩波書店 (2006)
東京大学生命科学教科書編集委員会編『理系総合のための生命科学』羊土社 (2007)
J. Bennet & S. Shostak, *LIFE in the UNIVERSE,* PEARSON (2007)
小林憲正『アストロバイオロジー 宇宙が語る〈生命の起源〉』岩波書店 (2008)
『シリーズ現代の天文学』　各巻　日本評論社
横尾武夫編『新・宇宙を解く』恒星社厚生閣 (2002)
松井孝典ほか『地球惑星科学入門』岩波書店 (1996)
平朝彦ほか『地球進化論』岩波書店 (1998)
日本化学会編『キラル化学―不斉合成』丸善 (2005)
川口淳一郎『はやぶさ、そうまでして君は　生みの親がはじめて明かすプロジェクト秘話』　宝島社 (2010)
国立天文台編『理科年表』丸善

宇宙航空研究開発機構（JAXA）平成 22 年 11 月 16 日プレスリリース『はやぶさカプセル内の微粒子の起源の判明について』
国立天文台 2009 年 12 月 3 日ニュースリリース『すばる望遠鏡、太陽型星をめぐる惑星候補を直接撮像で発見 ～新装置 HiCIAO で第二の太陽系探しを開始～』
国立天文台 TMT プロジェクト室　ホームページ
アメリカ航空宇宙局（NASA）ホームページ
宇宙生物学の定義　http://astrobiology.nasa.gov/about-astrobiology/

A. Fujiwara *et al.*, Science, 312, 1330 (2006)
J. Saito *et al.*, Science, 312, 1341 (2006)

切りとり線

★読者のみなさまにお願い

この本をお読みになって、どんな感想をお持ちでしょうか。祥伝社のホームページから書評をお送りいただけたら、ありがたく存じます。今後の企画の参考にさせていただきます。また、次ページの原稿用紙を切り取り、左記まで郵送していただいても結構です。

お寄せいただいた書評は、ご了解のうえ新聞・雑誌などを通じて紹介させていただくこともあります。採用の場合は、特製図書カードを差しあげます。

なお、ご記入いただいたお名前、ご住所、ご連絡先等は、書評紹介の事前了解、謝礼のお届け以外の目的で利用することはありません。また、それらの情報を6カ月を超えて保管することもありません。

〒101―8701（お手紙は郵便番号だけで届きます）
祥伝社新書編集部
電話03（3265）2310
祥伝社ホームページ　http://www.shodensha.co.jp/bookreview/

★本書の購買動機（新聞名か雑誌名、あるいは○をつけてください）

＿＿＿＿新聞の広告を見て	＿＿＿＿誌の広告を見て	＿＿＿＿新聞の書評を見て	＿＿＿＿誌の書評を見て	書店で見かけて	知人のすすめで

★100字書評……生命は、宇宙のどこで生まれたのか

名前
住所
年齢
職業

福江翼　ふくえ・つばさ

1979年、京都生まれ。博士（理学）。国立天文台ハワイ観測所研究員。2004年、神戸大学理学部物理学科卒業。09年、京都大学大学院理学研究科 物理学・宇宙物理学専攻 博士課程修了。同年より現職。11年、第27回井上研究奨励賞を受賞。専門は天文学、宇宙物理学、宇宙生物学。とくに、星や惑星そして生命が、どのような宇宙環境で、どのようにして誕生し、進化していくのかについて多面的に研究を進めている。

生命《せいめい》は、宇宙《うちゅう》のどこで生《う》まれたのか

福江《ふくえ》 翼《つばさ》

2011年2月10日　初版第1刷発行

発行者……………竹内和芳
発行所……………祥伝社しょうでんしゃ
〒101-8701　東京都千代田区神田神保町3-6-5
電話　03(3265)2081(販売部)
電話　03(3265)2310(編集部)
電話　03(3265)3622(業務部)
ホームページ　http://www.shodensha.co.jp/

装丁者……………盛川和洋
印刷所……………萩原印刷
製本所……………ナショナル製本

造本には十分注意しておりますが、万一、落丁、乱丁などの不良品がありましたら、「業務部」あてにお送りください。送料小社負担にてお取り替えいたします。

Printed in Japan　ISBN978-4-396-11229-5　C0240